La discrète digestion des animaux

Éthique et pratique médicale

fondée par Richard Moreau

Collection dirigée par Roger Teyssou

La collection « Éthique et pratique médicale » est une tribune qui permet à tous les acteurs du monde de la santé, professionnels, enseignants, administrateurs, économistes et patients d'exposer leurs opinions, de décrire leur expérience et de proposer des solutions aux problèmes posés par une profession en pleine mutation, et ce en toute indépendance et en conformité avec la déontologie et les bonnes pratiques médicales.

Dernières parutions

Mohamed Naceur KRIFI, *L'Homo-cobayeur. Expérimentations médicales* in*humaines*, 2024.
Olivier NKULU KABAMBA, *Le cancer et la sorcellerie. Narration d'un malentendu étiologique et clinique en médecine*, 2024.
Jacques JAUME et Nathalie RIVIÈRE, *Voyage au cœur du deuil,* 2023.
Michel BOLLA, *Cancer et parcours de soins, L'odyssée du malade*, 2023.
Olivier NKULU KABAMBA, *La réflexivité dans la relation soignant-soigné. Un regard éthique sur l'empathie*, 2023.
Marc BAUDET, Catherine DAUGAREIL, *Comprendre pour mieux prévenir les maladies cardio-vasculaires. Mieux vaut prévenir que guérir*, 2023.
Padrig MAHE, *Vers un mieux-vivre en EHPAD, Guide pratique pour déployer une Offre d'Activités et d'Animations (OAA)*, 2023.
Jacques MORNAT, *Presque tout sur la médecine en France. Pour mieux comprendre le système de santé*, 2023.
Michel BOURIN, *Faire face au polyhandicap*, 2023.
Dr Pierre MESTOUDJIAN, *La méthode facile pour arrêter de fumer du jour au lendemain, Le nouvel antidote du tabac*, 2023.
Thibaut COUSSENS-BARRE, *La patrimonialisation des collections d'échantillons biologiques*, 2022.
Christian PIROLLI, *Passeur... Par maux et par mots de patients, la parole d'un médecin*, 2022.

Olivier Vimpere

La discrète digestion des animaux

L'Harmattan

5-7, rue de l'École-Polytechnique, 75005 Paris

http://www.editions-harmattan.fr

ISBN : 978-2-336-43682-1
EAN : 9782336436821

« Vis comme si tu devais mourir demain.
Apprends comme si tu devais vivre toujours »

Gandhi

« On reconnaît le degré de civilisation d'un peuple à la manière dont il traite ses animaux »

Gandhi

Sommaire

1 Un peu de biologie pour les nuls
(à ne surtout pas lire si vous souhaitez le rester)

La Terre et le système solaire ont 4,5 milliards d'années. Un milliard d'années plus tard, dans des conditions épouvantables - tempêtes - éruptions volcaniques - rayonnements solaires - ultraviolets dévastateurs... - sont apparues les plus anciennes traces de vie. Ces premiers organismes unicellulaires ont émergé dans les mers et les océans et y sont restés pendant près de trois milliards d'années. Dans cette « soupe primitive », les formes de vie étaient unicellulaires, réparties en trois grands groupes du vivant : les archées, les bactéries, dépourvues de noyau, et les eucaryotes, qui en possèdent un. Allez savoir pourquoi, parmi ces trois catégories d'êtres vivants, certains eucaryotes ont évolué vers un modèle pluricellulaire, il y a 1,5 milliard d'années environ, sous la forme d'algues. Toujours dans le milieu aquatique, il y a quelque 600 millions d'années, le règne animal apparaît. Les éponges et les cténophores (organismes marins au corps mou et transparent évoquant les méduses) se disputent la première place. Il n'y a pas de consensus, ni sur la date ni sur l'animal, certaines recherches se portent aussi sur un ver minuscule. Les premiers arthropodes débarquèrent sur les continents, il y a 450 millions d'années, dont certains ont évolué pour former le grand groupe des insectes, il y a 350 millions d'années. Simultanément, les premières pattes de tétrapodes ont foulé le sol. Les mammifères primitifs apparaissent 150 millions d'années plus tard. Se faisant d'abord discrets, ils ont conquis le monde après l'extinction des dinosaures, il y a 65 millions d'années. Par simplification, les dates ont été un peu arrondies. De toute façon, personne ne sait vraiment.

Tous les êtres vivants, de l'organisme unicellulaire jusqu'à nous, sont « classés ». Ce classement est la taxonomie (appelée aussi taxinomie, taxilogie, et même taxologie) mot dérivant du mot grec *taxis* qui signifie classement. Il est à noter que ces mots sont de plus en plus utilisés dans d'autres domaines, comme la sociologie, la linguistique ou l'informatique. La taxonomie s'emploie à regrouper les êtres vivants qui ont des caractéristiques biologiques communes. Ces ensembles se nomment des taxons ou des clades. Le terme clade est un peu plus précis que celui de taxon. Le mot clade prend tout son sens lorsque l'on sait qu'il trouve son origine du grec ancien, *Kladion*, qui signifie branche.

La cladistique (appelée aussi phylogénie) consiste à rechercher les liens de parenté entre les clades et à les « hiérarchiser », un peu comme un arbre généalogique des êtres vivants. Le plus souvent, ce classement prend la forme d'un diagramme, en forme d'arborescence, un arbre phylogénétique. Ce graphique peut aussi se nommer cladogramme, phylogramme, phénogramme, et même dendrogramme (cependant, il y a quelques subtiles différences). Mais comme souvent, la nature ayant du mal à rentrer dans des cases, des chimères donnent du fil à retordre aux scientifiques, créant parfois des divergences en leur sein.

Dans cette « hiérarchisation », on distingue sept principaux rangs : le règne, l'embranchement (ou le phylum), la classe, l'ordre, la famille, le genre et l'espèce. L'espèce représente la plus petite unité. Pour circonscrire parfaitement le terme d'espèce, il convient de préciser que la définition biologique est : un groupe d'individus interféconds, qui s'est isolé d'autres groupes sur un plan reproductif. Le monde du vivant étant extrêmement complexe, il existe des sous-divisions (infra-ordre, sous-ordre, sous-espèce, etc.) pouvant porter le nombre de rangs à plus de trente.

La notion de clade est précise et rigoureuse. Par exemple, les reptiles ne sont pas un clade. Le terme « reptile » ne rassemble pas la totalité des descendants de leur ancêtre commun. Il n'inclut pas les oiseaux, dont on sait qu'ils sont les descendants d'un groupe de dinosaures. Par conséquent, si les oiseaux sont les descendants d'un groupe de reptiles, ils en sont forcément. En réalité, il y a bien un clade, la classe des *Sauropsidés*, qui inclut l'ensemble des reptiles et des volatiles. D'ailleurs, afin d'éviter toute confusion et d'utiliser les bons termes, les naturalistes disent maintenant « reptiles non aviens ». De même, le terme poisson n'est pas un clade non plus. Les poissons dits osseux (carpes, brochets, bars…) sont génétiquement plus proches de nous que les poissons dits cartilagineux (requins et raies) et que les lamproies. En revanche, mammifères (*Mammalia*), oiseaux (*Aves*) et amphibiens (*Amphibia*), sont bien des classes.

Les deux derniers rangs de la taxonomie, le genre et l'espèce, donnent le nom scientifique, ce que l'on appelle la nomenclature binominale : par exemple, *Homo sapiens*, *Homo* étant le genre et *sapiens* notre espèce. Appartenant au même genre, on peut citer une autre espèce célèbre : *l'Homo neanderthalis.* Les noms scientifiques s'écrivent en italique, ils sont internationaux et univoques, composés principalement de racines latines, sans accent et sans caractère spécial (pas de « œ » ou « ß »). On utilise aussi, des racines du grec ancien ou des mots de diverses autres langues. Même des langues très locales peuvent être à l'origine de noms scientifiques, comme le *Dugong dugong* dérivé du malais ou le *Strigops kakapo* (un perroquet), du maori. À noter que le premier terme, le genre, commence par une majuscule, contrairement à l'espèce. On peut trouver un sous-genre et une sous-espèce, portant à quatre maximum le nombre de mots d'un nom scientifique. Les scientifiques (ou pas d'ailleurs) disposent de beaucoup de liberté dans le choix des noms d'animaux qu'ils ont débusqués, à condition qu'ils soient « latinisés ». Cela peut être un nom descriptif (morphologie, caractéristique ou ressemblance), un toponyme (géographie) ou un éponyme (nom propre). Les moins imaginatifs utilisent leur patronyme, mais d'autres peuvent faire preuve de beaucoup de fantaisie et d'humour : *Neopalpa donaldtrumpi* est une mite affublée d'une « mèche » jaune-orangé, *Agra schwarzeneggeri,* un coléoptère avec les pattes médianes très ressemblantes aux bras de l'acteur ou *Mesoparapylocheles michaeljacksoni*, une espèce de bernard-l'hermite éteinte, découverte le jour de la mort du roi de la pop. Barack Obama a inspiré pas loin d'une dizaine de découvreurs. À défaut d'être célèbre, il est possible, moyennant quelques milliers d'euros (qui serviront au financement de la recherche scientifique), de donner son nom à une espèce. C'est une très bonne idée pour graver son patronyme dans l'histoire, car il est difficile de changer un nom scientifique une fois qu'il a été attribué, mis à part lorsque la phylogénie s'en mêle. Par exemple, la chauve-souris *Sanguisuga crudelissima,* découverte au XIXe siècle, a été prise pour une espèce sanguinivore féroce. Il n'en est rien, cependant, le pauvre chiroptère frugivore est certainement condamné à porter ce vilain nom toute sa vie. Un régime alimentaire ne suffit pas à modifier un nom. Il y a aussi l'exemple notable de l'*Anophthalmus hitleri,* nommé ainsi en 1937 par un entomologiste plutôt fan. Malgré le grand danger d'extinction du petit coléoptère slovène, dû au commerce illégal des collectionneurs néo-nazis, le Code International de Nomenclature Zoologique (ICZN), refuse de changer le nom de l'insecte.

À contrario, les noms communs sont peu précis : il peut y avoir plusieurs noms courants pour une seule espèce, suivant les langues, les pays ou les régions. La blatte germanique (*Blattella germanica*) est appelée astucieusement blatte hollandaise ou française en Allemagne. Le puma, le cougar et le lion des montagnes ne sont qu'un seul animal (*Puma concolor*). Le léopard, la panthère tachetée et la panthère noire sont également le même félin (*Panthera pardus*). La panthère noire possède une mutation génétique, appelée mélanisme, lui conférant une robe noire. Les musophobes se moquent certainement de savoir que le rat commun porte beaucoup d'autres noms : le rat brun, le rat gris, le rat d'égout, le rat des villes, le rat de Norvège et le surmulot. C'est à peu près tout. Le *Rattus Norvegicus*, qui n'est d'ailleurs absolument pas originaire de Norvège, mais d'Asie, comme la grande majorité des dizaines d'autres espèces de rats. Il a simplement été découvert et décrit pour la première fois dans un port de ce pays, en 1769. Il a débarqué en Europe puis a conquis le reste de la planète (sauf en Antarctique) grâce à une capacité d'adaptation incroyable. Il a supplanté le rat noir, plus sensible au froid, apparu plus tôt, lors de l'expansion de l'empire romain. Le rat noir est originaire d'Inde et a profité lui aussi de l'activité marchande. Il est un peu plus petit et moins trapu que le rat gris et généralement de couleur plus foncée. Il est également appelé le rat des champs ou des greniers (*Rattus rattus*).

Il est également possible qu'un nom commun regroupe plusieurs espèces, voire des animaux totalement différents : le béluga est en même temps l'esturgeon et le cétacé blanc bien connu. Un autre exemple encore plus frappant : le nom « loup » s'applique bien évidemment au fameux canidé, mais également au poisson, le bar commun. Loup peut aussi être le surnom du brochet, ainsi que désigner un autre clade de poisson marin, complétement différent du bar, plutôt anguilliforme, aussi appelé poisson-loup ou loup marin. Loup marin, qui est de même, le petit nom des phoques. L'appellation loup de mer, que l'on pourrait penser réservée uniquement à des animaux marins, comme le bar ou le requin-renard dont c'est le surnom, nomme aussi une espèce de loup endémique de la Colombie-britannique, au Canada. Ce canidé doit son nom au fait qu'il peut parcourir plusieurs kilomètres en nageant pour pêcher d'île en île (90 % de son alimentation) ou chasser de petits mammifères marins (loutres, jeunes phoques...). Sa taille modeste et sa morphologie particulière, qui sont différentes des autres loups, en font un prédateur parfaitement adapté à son mode de vie.

Beaucoup de noms communs sont tout simplement la traduction du nom scientifique, comme l'*Amazona albifrons*, qui signifie amazone à front blanc (on en parle plus tard). D'autres sont une courte description, comme la tortue géante à carapace molle ou le poisson chauve-souris à lèvres rouges. On trouve également ceux liés à une ressemblance, comme la cigale de mer, qui a une vague similitude avec l'insecte ou le poisson pénis, qui n'est d'ailleurs pas un poisson, mais un gros ver, ou encore le serpent-pénis, qui est un amphibien vermiforme. Cela peut aussi être lié à un comportement : le lion de mer (une otarie) et le léopard de mer (un phoque) sont deux terribles prédateurs marins. Il existe quelques cas où la racine du nom de l'animal est liée à une onomatopée évoquant son cri, le plus souvent un oiseau. On peut citer : la grue, le pipit (un passereau), le kéa (un perroquet), le kittiwake (une espèce de mouette), le cacatoès, qui dérive d'une onomatopée locale *cacatous*, sans oublier, le célèbre coucou. Le nom commun peut s'accompagner d'un surnom métaphorique ou pittoresque, comme la licorne de mer (le narval), le dragon de mer (l'hippocampe feuille) ou le lézard Jésus-Christ (le basilic vert, dit aussi lézard à crête, peut courir sur l'eau sur plusieurs dizaines de mètres). Les surnoms peuvent être des sobriquets triviaux ou grivois, comme la bibitte à patate (doryphore de la pomme de terre), le vautour chassefiente (aucune information précise sur l'origine de son nom), la mouche pisseuse, la mouche à merde ou le mange-merde (on reviendra sur ces trois-là).

Toujours concernant le langage courant, lorsque l'on parle des animaux, on utilise facilement des mots comme « famille » ou « cousin ». Par exemple, on dit que la famille des lémuriens est cousine de la famille des singes, et c'est vrai : les lémuriformes et les simiiformes sont deux infra-ordres appartenant à l'ordre des primates. Comme le mot famille est aussi le nom d'un clade à part entière, nous éviterons de l'utiliser, sauf à bon escient.

Le règne animal (les métazoaires), le règne fongique (les champignons) et le règne végétal, sont les trois grandes catégories d'organismes multicellulaires (cependant, les champignons et les algues existent aussi sous la forme unicellulaire). Certains biologistes considèrent que les algues et les végétaux sont biologiquement trop éloignés et proposent un quatrième règne. Il y a eu par le passé de sérieuses confusions entre ces clades. Par exemple, jusque dans les années soixante, les champignons étaient assimilés à des végétaux. Des paramètres non biologiques, comme la mobilité, ont été utilisés, également à tort, comme des indicateurs d'appartenance à l'un ou l'autre règne. Les éponges, autrefois considérées comme des végétaux, car elles ne se meuvent pas, font en réalité partie du règne animal.

Les chlorophylliens (algues et végétaux) sont autotrophes, c'est-à-dire qu'ils sont capables d'utiliser des éléments inorganiques ou minéraux pour synthétiser leurs propres constituants organiques. Les chlorophylliens pratiquent la photosynthèse pour transformer le CO^2 en carbone qui servira à la croissance et à la fabrication de nouvelles cellules et recrachera du dioxygène (O^2). Elles n'ont pas besoin d'apport en matière organique, et même si certaines plantes, appelées abusivement carnivores, utilisent des proies vivantes pour leur métabolisme, elles ne les digèrent pas véritablement et ne les assimilent pas non plus en tant que nutriments. Elles en extraient uniquement les matières inorganiques (azote ou phosphore) qui leur font défaut dans certains environnements pauvres et difficiles.

C'est contre-intuitif, mais les champignons sont plus proches des animaux que des plantes. Avec d'autres organismes (les protozoaires, entre autres), ils forment un même clade, très éloigné des chlorophylliens. Les champignons sont essentiellement aérobies, ils respirent en absorbant de l'oxygène et en rejetant du gaz carbonique. Pas de ce côté-là qu'il faut chercher la différence entre les animaux et les champignons. Pas non plus du côté du métabolisme, ils sont tous les deux hétérotrophes, c'est-à-dire qu'ils ne peuvent pas synthétiser les matières inorganiques. La différence se situe au niveau de la méthode d'assimilation des nutriments. Les organismes fongiques sont des « mangeurs » absorbants. Ils pénètrent dans leur « nourriture », sécrètent des enzymes qui la dissolvent, puis résorbent la substance gluante qui en résulte. Ils possèdent une architecture filamenteuse très ramifiée ce qui leur permet d'avoir un maximum de contact avec la matière organique et de leur offrir ainsi une croissance très rapide.

Les animaux, hétérotrophes, également, se distinguent des champignons par la digestion de ces nutriments organiques. On y arrive : voici la différence entre les animaux et le reste du vivant. La digestion est la transformation des matières organiques en substances assimilables par l'organisme. Au cours de celle-ci, les molécules complexes sont transformées en éléments plus simples et plus facilement absorbables à l'aide d'un système digestif. Dans ce processus, tous les nutriments ne sont pas assimilés, il y a des déchets dont il faut absolument se débarrasser.

Chez les éponges, les déchets métaboliques sont évacués par des orifices appelés oscules. Elles n'ont aucun organe dédié à la digestion. Elles se nourrissent de plancton, capturé par des flagelles, digéré et diffusé par et vers des cellules spécifiques. Elles ont une structure organique très simple et très proche des organismes unicellulaires.

Les cnidaires comprennent principalement les anémones, les coraux, les hydres et les méduses. Ils sont dotés d'un système digestif réduit à un simple sac, comportant un seul orifice. Ils sont condamnés à manger et à déféquer par le même endroit.

Les éponges et les cnidaires sont les animaux les plus primitifs. Ils n'ont que peu évolué et ont gardé une vie aquatique. Ils forment le groupe des radiaires, car ils ne présentent pas de symétrie axiale, contrairement aux bilatériens, qui sont la majorité du règne animal, nous y compris. Les bilatériens ont un côté droit et gauche symétrique, une face et un dos, et surtout un « avant » et un « arrière ».

Malgré les apparences, les échinodermes, sont des bilatériens, car au stade larvaire, ils connaissent une symétrie axiale. Au stade adulte cependant, une symétrie radiale d'ordre cinq apparaît. La symétrie pentaradiale est immédiatement perceptible chez les étoiles de mer (les astéries), même s'il existe des espèces pourvues de plusieurs dizaines de bras. Elle est également parfaitement identifiable chez les ophiures (animal très semblable aux étoiles de mer, voir page 32), mais est un peu moins visible chez les oursins (les échinides), et presque indécelable chez les concombres de mer (les holothuries). Quant aux lys de mer (les crinoïdes), ils portent de nombreux bras. Les échinodermes ont une capacité de régénération qui laisse rêveur. Certaines espèces d'étoiles de mer peuvent même régénérer leur corps en entier à partir d'un seul bras restant.

Moins fantaisistes, mais tout aussi farceurs, les bivalves et dans une moindre mesure, les gastéropodes, perdent partiellement leur symétrie à l'âge adulte. Les seuls vertébrés connus, qui, avec l'âge deviennent asymétriques, sont les poissons plats (soles, limandes, turbos...).

Le point commun entre tous les bilatériens (même les bilatériens contrariés) est la possession d'un tube digestif doté d'une porte d'entrée et d'une de sortie. Un avantage qui n'est pas à négliger puisque les animaux ne présentant qu'un seul orifice (les radiaires donc) doivent attendre la fin complète d'un cycle digestif avant de pouvoir ingurgiter de nouveau de la nourriture. La présence d'un anus permet à son possesseur de continuer à manger, tandis que l'assimilation des aliments suit son cours. Les vers sont dotés du tube digestif parmi les plus rudimentaires : il n'est pas divisé en différents organes. Une entrée et une sortie distincte, c'est tout. Ce n'est pas non plus un hasard s'il se trouve le plus loin possible de la bouche. C'est plutôt bien pour notre haleine.

Les bilatériens sont répartis dans deux grandes catégories : les protostomiens et les deutérostomiens. Ces noms impossibles cachent une réalité simple : ils appartiennent à l'une ou l'autre en fonction de l'ordre dans lequel leur embryon a formé leur tube digestif.

Les protostomiens voient leur embryon commencer la formation de leur tube digestif par un trou qui devient la bouche, pour finir par l'anus. Les deutérostomiens, dont nous faisons partie, ont plus le sens des priorités : le trou du cul d'abord.

Tous les vertébrés sont des deutérostomiens, et possèdent un système digestif complet. Il commence par la bouche, suivi par l'œsophage qui débouche sur l'estomac. Celui-ci est un environnement acide où les aliments sont décomposés en plus petites molécules. Ces molécules se déplacent ensuite vers l'intestin grêle. C'est là que la plupart des nutriments sont absorbés. Les nutriments se composent de protéines, de lipides, de glucides, de sels minéraux et d'oligo-éléments. Vient ensuite le caséum, puis, le gros intestin qui finit l'absorption. Ce dernier fait passer les déchets métaboliques dans le rectum, puis dans l'anus, qui les excrète. Chez les mammifères, on trouve d'autres organes qui participent à la digestion, mais qui sont hors du tractus gastro-intestinal. Comme le foie, qui produit de la bile ; substance chimique qui aide à digérer les graisses. La bile est transportée vers l'estomac et vers la vésicule biliaire. La vésicule biliaire stocke la bile et la relâche dans l'intestin grêle pendant les repas. Sans oublier le pancréas qui produit des enzymes pour l'estomac.

On ne peut pas parler de système digestif sans parler du microbiote intestinal, ces microbes qui travaillent vaillamment pour nous. Microbe est un terme généraliste et ambigu qui désigne les organismes vivants unicellulaires et microscopiques. La flore intestinale se compose de bactéries, d'archées, de micro-champignons non-pathogènes, de levures, et même de virus. Ces micro-organismes sont extrêmement nombreux. Au point de vue de la quantification numéraire cellulaire, nous sommes, nous, êtres humains, constitués de 90 % de microbes, la taille de nos cellules étant cependant considérablement plus grosse. La plus grande partie de ces micro-organismes se trouve dans les intestins et peut peser 1,5 kg, avec plus de 1000 variétés de ces êtres unicellulaires. Le reste du corps, la peau, les fosses nasales, les muqueuses, en comportent aussi énormément (de 500 g à un kilogramme). Les animaux sont bien évidemment logés à la même enseigne. À ce sujet, ces micro-organismes sont primordiaux. Ils synthétisent des nutriments, des vitamines et de bons acides gras. Qui ne s'est jamais demandé comment un énorme taureau très musculeux ou un magnifique pur-sang peuvent avoir autant de puissance avec pour seule alimentation de l'herbe si insignifiante. Eh bien, c'est grâce aux bactéries intestinales. Certaines sont très protéinées et au vu de leur nombre, elles peuvent constituer un bon bifteck gorgé de nutriments. Encore faut-il pouvoir les assimiler. À la différence des carnivores, les herbivores peuvent le faire, car leur système digestif est adapté. La flore intestinale y est installée très haut, de sorte que notre taureau est capable de tirer un maximum de nutriments de ces bactéries avant qu'elles ne soient évacuées.

Les oiseaux possèdent un système digestif un peu différent. L'estomac est un organe musculaire très lourd, et les oiseaux en ont généralement un petit pour faciliter le vol. Certaines espèces possèdent dans l'œsophage une poche appelée jabot où elles peuvent stocker la nourriture. La plupart ont leur estomac divisé en deux parties. La première est appelée proventricule ou estomac glandulaire, où les enzymes digestives sont sécrétées pour commencer le processus de digestion. Cette partie de l'estomac ressemble beaucoup à celle des mammifères. La seconde partie est appelée gésier ou estomac musculaire (cependant, certains oiseaux en sont dépourvus, comme les tétras ou les perroquets). Il a pour fonction de broyer les aliments non mastiqués (quand les poules auront des dents), qui peuvent être de taille conséquente. Les espèces qui se nourrissent d'aliments durs améliorent le broyage en ingurgitant de petits cailloux, appelés gastrolithes. La nourriture va et vient entre l'estomac glandulaire et le gésier. Il se produit ainsi un cycle répété de digestion mécanique et chimique. L'intestin grêle et le gros intestin sont, en revanche, semblables à ceux des mammifères. À l'extrémité du tube digestif, se trouve le cloaque.

Le cloaque est un organe en forme de canal, clos par le sphincter anal, dans lequel débouchent les voies urinaires et génitales. *Cloaca*, en latin, signifie égout. Il est présent chez les oiseaux, les reptiles, les amphibiens, certains invertébrés, les poissons cartilagineux, quelques poissons osseux et certains mammifères non-placentaires, comme les marsupiaux, l'ornithorynque, l'échinidé et les taupes dorées. Une précision, les taupes dorées ne sont pas des taupes, elles en sont même très éloignées. Elles sont en fait plus proches génétiquement de l'oryctérope, que nous évoquerons plus tard. Elles occupent les mêmes biotopes et ont développé les mêmes adaptations que les taupes.

Chez les oiseaux, le cloaque est situé sous le croupion. Les espèces aviaires éliminent tous les déchets de leur corps d'un seul coup. L'urine et les matières fécales sont donc expulsées du même endroit et au même moment, mais proviennent de deux voies différentes. Elles se rencontrent, mais n'ont pas le temps de se mélanger. Ainsi, on peut considérer que la partie blanche de leur fiente correspond à leur urine et que les parties jaunes ou brunâtres, qui se trouvent généralement au centre, sont leurs matières fécales.

La digestion, c'est le moteur du métabolisme des animaux, et les nutriments sont le carburant. Justement, ce métabolisme est très différent suivant les cas. Le principal facteur est la température corporelle. On distingue trois grandes catégories :

- Les homéothermes endothermes (appelés à sang chaud) ont la capacité de maintenir leur température interne constante, peu importante celle de l'environnement. Les mammifères et les oiseaux ont ainsi pu conquérir des territoires plus froids, mais la contrepartie est une consommation d'énergie plus grande.
- Les homéothermes ectothermes, ne produisent pas de chaleur (ou peu), mais ont aussi une température corporelle constante, car celle du milieu où ils vivent l'est aussi. C'est le cas des poissons, par exemple.
- Les poïkilothermes ne produisent pas (ou peu) de chaleur non plus, mais le milieu dans lequel ils évoluent peut beaucoup varier. Cependant, ils luttent contre ces fortes fluctuations avec divers moyens, comme le regroupement d'individus, la recherche du rayonnement solaire ou au contraire celle d'endroits frais comme l'ombre ou l'évapotranspiration des plantes. À noter que les endothermes luttent aussi contre le froid ou les fortes chaleurs avec les mêmes tactiques.

Cependant, la Nature n'aime pas les tiroirs et tout n'est pas si simple. Le rat-taupe nu (on en parle plus tard), qui ne fait rien comme les autres, est un petit rongeur à forte tendance poïkilotherme. Certains poissons (le thon et l'espadon), de grosses tortues marines (la tortue luth et la tortue caouanne), et quelques requins (requin blanc, requin bleu et le requin mako) sont capables de maintenir leur température corporelle plusieurs degrés au-dessus de celle de l'eau. Leur taille le leur permet : c'est ce que l'on appelle la gigantothermie. D'autres requins ont une endothermie partielle : ils réchauffent juste quelques parties de leur corps. Les trois grandes catégories précédentes peuvent être nuancées par des paramètres comme l'estivation, l'hivernation, l'hibernation, la léthargie, le déplacement des animaux marins dans la colonne d'eau, la capacité à développer de la fièvre (des reptiles, des amphibiens et des poissons en sont capables), etc. Les endothermes ont une consommation d'énergie plus importante (environ 10 à 20 fois) que les animaux qui ne produisent pas de chaleur (appelés abusivement à sang froid). Parmi les endothermes, les petits sujets ont une déperdition calorifique énorme comparée aux mastodontes comme l'éléphant. On imagine mieux pourquoi certains petits mammifères ou oiseaux (comme le colibri) ne peuvent survivre à plus d'une demi-journée de diète, alors qu'un bon gros vieux crocodile peut s'en accommoder pendant près de deux ans.

C'est encore un exemple de la complexité de la nature qui a été façonnée durant des centaines de millions d'années d'évolution. La théorie de l'évolution, telle qu'elle a été énoncée par Darwin, est établie à partir de trois constats :
- Des mutations aléatoires, imprévues, perpétuelles et non dirigées émergent inévitablement lors du processus de reproduction des êtres vivants.
- Les êtres vivants produisent plus de descendants qu'il ne peut en survivre, les capacités de l'environnement étant limitées.
- Les individus dotés de mutations leur apportant un avantage face aux contraintes environnementales sont plus aptes à se reproduire, et donc transmettent cette variation à leurs descendances : c'est la sélection naturelle.

Conséquence directe de l'évolution : la convergence évolutive. L'évolution convergente (appelée aussi l'analogie convergente) est le résultat de mécanismes évolutifs ayant conduit des espèces très éloignées génétiquement, soumises aux mêmes sollicitations et aux mêmes contraintes, à adopter indépendamment plusieurs traits physiologiques, morphologiques et comportementaux semblables. En d'autres termes, des niches écologiques similaires, exercent une pression sur des espèces distinctes, dont a émergé la même adaptation.

Cette adaptation étant tellement appropriée pour la survie d'un organisme, que la même s'est également produite dans une autre lignée. Nous en avons parlé avec les taupes et les taupes dorées. L'œil, par exemple, est un mécanisme tellement efficace qu'il est apparu de façon indépendante plus d'une cinquantaine de fois au cours de l'évolution. On en a même trouvé une forme très primitive chez une algue : l'euglène. Un autre exemple probant de convergence évolutive avec le fossa (on en parle plus tard). Le fossa est un carnivore improbable, un mélange de mangouste et de petit puma. Malgré sa taille réduite, 80 cm de long sans la queue, (qui est de la même longueur) c'est le plus gros prédateur de Madagascar, dont il est endémique. Il est plutôt arboricole, possède des griffes semi-rétractiles, et chasse implacablement de petits lémuriens. Par sa forte similitude avec les félins, il a longtemps été considéré comme tels, ce qui n'est pas le cas. Justement, si la ressemblance physique avec les félidés est si prononcée, c'est grâce à cette convergence évolutive. Madagascar est devenue une île il y a 120 millions d'années. Il y a 60 millions d'années environ, les premiers félidés apparurent. Ils ont investi les continents, sans avoir eu la possibilité de le faire sur l'île. Il y avait donc, en quelque sorte, une place libre pour un superprédateur, qui, indépendamment des félins, a développé des caractéristiques proches d'eux. Même exemple avec le regretté loup de Tasmanie, qui était un marsupial, et qui « avait pris la place » des canidés, absents de l'île. Malgré de fortes ressemblances morphologiques avec les loups, il est plus proche génétiquement des cétacés que des canidés. Les taupes dorées, le fossa et le loup de Tasmanie sont de parfaits exemples de l'intérêt de la phylogénie, car elle s'affranchit des apparences pour ne se concentrer que sur la génétique.

Autre répercussion de l'évolution : la coévolution. Un exemple éloquent avec la girafe et l'acacia. Par le biais de l'évolution darwinienne, les girafes bénéficiant par mutation d'un cou plus long se sont mieux adaptées pour se nourrir des feuilles les plus hautes. Conjointement, la sélection naturelle a fait son œuvre, et les arbres les plus hauts ont mieux résisté aux attaques de l'animal. En parallèle, les acacias ont « développé » des épines. Par le même mécanisme, les girafes ont « contré » avec une langue préhensile, des grosses lèvres et un palais épais pour pouvoir saisir les branches et les manger malgré tout. De plus, la salive et les sécrétions intestinales de l'animal, très épaisses, protègent le tube digestif de blessures éventuelles. Fait surprenant, c'est justement, la sève visqueuse des feuilles qui procurent aux sécrétions cette viscosité. Mais ce n'est pas fini : l'évolution a rendu les acacias capables de développer des tanins, qu'ils sécrètent quand ils « sentent » qu'ils se font attaquer et qui rendent leurs feuilles écœurantes à la consommation en quelques minutes. Les girafes ont réagi en changeant d'arbre régulièrement. Dans cette course à l'armement effrénée des feuillus contre les folivores, les acacias se sont vus dotés d'une capacité incroyable de communication. Des « messages » chimiques, sont diffusés par les feuilles, sorte de signal d'alerte pour que les arbres environnants se mettent tous à sécréter du tanin dès qu'un seul d'entre eux est attaqué. Les girafes ont depuis appris à se déplacer et à manger face au vent.

Le cas de la girafe et de l'acacia est un exemple de coévolution compétitive, en opposition avec la coévolution coopérative qui est l'évolution conjointe d'espèces mutualistes. Comme toujours, ces notions doivent être nuancées. Exemple avec l'endozoochorie : l'animal se nourrit du fruit, en échange, il disperse les graines de la plante. Impeccable, on voit de prime abord un cas de mutualisme coopératif flagrant, où les deux organismes ont évolué de concert. Mais si l'on y regarde de plus près, les choses ne sont pas si simples. Pour que la graine germe, encore faut-il que celle-ci ne soit ni broyée par la mâchoire de l'animal, ni digérée. Tout en gardant la pulpe l'entourant attractive et nutritive, des mécanismes de défense se sont donc mis en place, avec par exemple, l'enveloppe de la graine (le tégument) plus dure et plus résistante aux sucs digestifs. Cela permet de limiter la digestion de celle-ci avant qu'elle n'ait eu la possibilité d'être excrétée et de germer. Évidemment, les graines étant un apport nutritionnel non négligeable, les frugivores « contrent » en développant des dispositifs d'attaque, des enzymes de plus en plus efficaces et adaptées, des mâchoires plus puissantes, etc. La barrière est donc floue.

Le cas de la pollinisation paraît plus tranché : la fleur fournit la nourriture à l'insecte. En retour, celui-ci dissémine son pollen, procédure indispensable pour un être vivant immobile. Mais ce n'est pas toujours le cas. Ce processus de dispersion s'appelle l'entomophilie (ou entomogamie), par opposition à la dissémination par le vent ou l'eau. Elle représente 90 % de la pollinisation totale dans le monde. Prenons donc l'exemple avec un papillon et son orchidée favorite. De nombreuses espèces de ces fleurs possèdent des pollinies (agglomérats de grains de pollen) placées au-dessus de tubes cylindriques. Au fond de ces conduits, appelés nectaires, se trouve le nectar convoité. Des papillons viennent le boire à l'aide de leur trompe. Pendant l'opération, ils heurtent avec leur tête la base des pollinies, et le pollen s'y accroche. Pour que le lépidoptère reparte avec beaucoup de pollen et donc le disperse au mieux, il faut que le contact soit maximum. Si l'accès au nectar est trop facile, l'insecte ingurgite du nectar, mais repart sans pollen. Par conséquent, seules les plantes à nectaires longs, qui contraignent le papillon à heurter la base des pollinies pour atteindre le nectar, se reproduisent : le caractère « nectaire long » est favorisé par la sélection naturelle. Parallèlement, celle-ci favorise chez le papillon le caractère « trompe longue », puisque les individus à trompe courte n'atteignent pas le précieux nectar et, mal nourris, se reproduisent difficilement. L'on trouve ainsi des spécimens de papillons avec une trompe en spirale de près de 30 cm, de la même longueur que celle du nectaire de la fleur qui lui est associée.

Le cas du célèbre Némo international et de son anémone favorite est plus identifiable comme du mutualisme. L'anémone jouit de la couleur vive du joli petit poisson territorial, qui attire les proies qu'elle convoite. De plus, il éloigne certains autres poissons, mangeurs de tentacules. Pour finir, il offre à son hôte un service de nettoyage des parasites, qui sont ainsi des proies faciles d'accès pour le poisson. Le poisson-clown profite aussi de l'hébergement, qui lui procure une protection efficace. Aucun autre poisson connu ne peut se frotter aux tentacules urticants de l'anémone, mortels pour ses proies. Mais grâce à son mucus, le poisson-clown est insensible. Il profite également des restes de repas de son hôte.

On reconnaît chez notre Némo et son anémone un intérêt mutuel, même plusieurs. Ils ont bien raison, la nature est hostile, et il est parfois judicieux de se rendre quelques menus services. Mais qu'on ne s'y trompe pas, le mutualisme n'est en réalité que la conjonction de deux intérêts égoïstes, mais harmonieusement associés, à bénéfices réciproques.

Le mutualisme est souvent associé au mot symbiose. Mais étymologiquement et biologiquement parlant, symbiose signifie « vivre ensemble ». Il est vrai que dans le langage courant, symbiose sous-entend le plus souvent le mutualisme. C'est quelque peu surprenant, mais on dit qu'un parasite vit en symbiose avec son hôte. Il y a trois notions de symbiose : le mutualisme, le parasitisme et le commensalisme. Le commensalisme est une interaction durable entre des organismes de différentes espèces où l'un des partenaires retire un bénéfice de l'association tandis que l'autre n'y trouve ni avantage, ni véritable inconvénient. Par exemple, le rémora profite des débris de repas du requin et du transport gratuit, sans contrepartie.

Si le mutualisme est très fréquent, il l'est moins que le parasitisme : plus de la moitié des espèces animales dans le monde sont des parasites et il existe fréquemment des hyperparasites : des parasites de parasites. On a pu observer des cas de parasitage à trois, voire quatre niveaux trophiques (mailles de la chaîne alimentaire). C'est un peu navrant, mais moins de la moitié des espèces animales sont dites « libres ».

La sélection naturelle a engendré d'autres mécanismes très élaborés, comme l'aposématisme. Pour se protéger, certaines espèces convoitées indiquent clairement qu'elles sont dangereuses, venimeuses ou très nauséabondes. Ce phénomène est très présent chez les animaux toxiques, comme les grenouilles dendrobates, les insectes ou les serpents, entre autres. Le célèbre serpent corail est un exemple très connu.

Évidemment, cette aubaine n'est pas passée inaperçue : des petits malins ont mis à leur profit l'aposématisme des copains. Ils imitent un animal dangereux ou toxique. Ce processus est appelé mimétisme batésien, en référence à Henri Walter Bates, son découvreur. Une espèce inoffensive plagie une espèce toxique, afin de tromper ses prédateurs. La couleuvre faux-corail, par exemple, arbore une robe ressemblante au vrai serpent corail, sans toutefois en avoir la toxicité.

2 De la bouche à l'anus

Revenons donc au système digestif, qui nous préoccupe tant. Dans ce contexte de bouche et d'anus, certains cténophores (voir page 9) possèdent deux minuscules trous à l'opposé de la bouche, pour évacuer les déchets. En fait, l'apparition du système digestif n'est pas un long fleuve tranquille : il a surgi à plusieurs reprises au cours de l'évolution (évolution convergente), et a involué chez des lignées entières d'animaux.

Citons un cténophore doté d'une singularité étonnante. Il est parfaitement pourvu d'un système digestif, certes rudimentaire, mais ne possède en revanche qu'un anus intermittent. Le *Mnemiopsis leidyi*, dispose d'un orifice qui apparaît uniquement lorsque cet animal marin doit déféquer, soit environ toutes les heures. Ce pore anal se résorbe ensuite sans laisser de traces. Concrètement, lorsque les déchets de petits poissons et de crevettes qu'il ingère s'accumulent, la partie arrière de l'intestin se gonfle jusqu'à ce qu'elle touche l'épiderme. Une fusion s'opère alors entre l'intestin et l'épiderme. Un anus apparaît et les déchets sont excrétés. Une fois l'opération terminée, le processus inverse se produit et il disparaît.

Un autre animal, tout aussi surprenant, possède un anus « rétractable » : le fossa. Le nom scientifique du fossa est évocateur : le *Cryptoprocta ferox* qui vient du grec *kryptos*, qui signifie caché et *proktos*, anus. Inutile de préciser ce que veut dire *ferox*. Comme beaucoup de prédateurs solitaires, il marque son territoire, qu'il défend farouchement. Il dispose pour cela d'une glande périanale, qui est tellement surdimensionnée qu'elle parvient à masquer l'anus. Celui-ci n'est rendu visible que lors de la défécation.

Le fossa fait sans le savoir du *Butt covering.* Cette curieuse pratique outre-Atlantique consiste à masquer l'anus de son animal de compagnie, chien ou chat. Aussi rare (heureusement) que stupide, la technique consiste à accrocher à la base de la queue une pastille ou un médaillon décoratif en guise de cache anus.

Le ver *Ramisyllis multicaudata* vit en symbiose avec une éponge de mer, où il investit ses canaux internes, dans les profondeurs des eaux australiennes. Quand il rencontre son hôte, le ver est court et simple, mais avec le temps, il se ramifie. Son corps prend alors une forme complexe, où les divisions s'enchaînent sans motif précis. La tête et la bouche restent telles quelles, mais les ramifications labyrinthiques possèdent chacune un système digestif indépendant. Le ver peut porter plusieurs centaines de branches et autant d'anus. Les segments sont pourvus de gamètes (spermatozoïdes ou ovules) et, à la période de reproduction, chaque « postérieur » génère des yeux et des ganglions nerveux. Les ramifications se détachent de l'extrémité antérieure et nagent pour en trouver d'autres et se reproduire. Il existe encore de nombreux doutes sur ce ver : quel est son régime alimentaire, comment une seule bouche peut-elle nourrir autant de « corps », ses différents intestins sont-ils fonctionnels, quelle est la nature de la symbiose avec l'éponge ?

Un autre anus particulier : celui des escargots. Entre le stade larvaire et celui de l'adulte, celui-ci « migre ». Le tube digestif, initialement rectiligne, se tord, et forme une coquine boucle, amenant l'anus au-dessus de la tête de l'escargot.

La grande majorité des vertébrés possède une queue. Appelée aussi, appendice caudal, elle est le prolongement de la colonne vertébrale. Elle correspond à l'ensemble des vertèbres libres situées après le bassin et l'anus. Chez certains animaux, elle a involué et persiste seulement sous la forme d'un reliquat. Les plus connus sont les *Anoures*, l'ordre qui regroupe les crapauds, les grenouilles et les rainettes, et qui signifie « sans queue ». Si les têtards, en ont une, celle-ci disparaît au stade adulte. L'absence de queue est aussi une caractéristique chez le poisson-lune, les *Hominoïdes* et les *Gymnophiones*. Ces derniers sont aussi appelés plus couramment cécilie ou apode (le serpent pénis, cité plus haut, en est un). Les G*ymnophiones* sont des amphibiens vermiformes, terricoles, quasiment aveugles, principalement tropicaux, qui, en plus de leur queue, ont également perdu leurs pattes au cours de l'évolution. À la différence des serpents qui ont une queue (leur corps finit en pointe fine), leur cloaque se situe à l'extrémité postérieure, comme les vers. Attention au mot apode, il est aussi un adjectif, qui signifie sans pattes, mais ne doit pas être confondu avec l'ordre des *Apodas*, qui sont des papillons (à croire qu'ils le font exprès).

Toujours au sujet de l'anus, un autre animal, un acarien, a beaucoup fait parler de lui : le demodex. Il existe plusieurs espèces, mais deux affectionnent l'humain, le *Demodex folliculorum et D. brevis*. Ils colonisent les pores de notre peau, avec une petite faiblesse pour les points noirs. Ce mode de vie, qui les rend peu visibles, ainsi que leur taille (0,3 mm), font que leur biologie est mal connue. Au point que diverses hypothèses leur accordent une particularité spectaculaire : ils sont dénués d'anus, et meurent en évacuant tous les déchets accumulés durant leur courte vie (trois semaines). Ces théories ont notamment contribué à les incriminer pour diverses maladies cutanées. Malheureusement, son heure de gloire est terminée : les spécialistes ont tranché, il est finalement pourvu d'un anus.

Les ophiures sont des échinodermes très semblables aux étoiles de mer. Un petit corps rond, central, doté de cinq bras fins articulés (quelques fois six ou sept). Ce sont des bilatériens (voir page 17), et à ce titre, ils possèdent un tube digestif, mais incomplet. Le tube digestif s'ouvre par une bouche au centre de la face ventrale, protégée par cinq mâchoires, elle est suivie par un gros estomac, mais pas d'intestin ni d'anus : le rejet des déchets métaboliques se fait par déglutition.

Certains vers polychètes, ainsi que quelques autres invertébrés marins, ont un système digestif très simple. Ils assimilent le carbone organique dissous dans l'eau par leur tégument (comme pour les graines en botanique, c'est l'enveloppe ou les tissus externes de certains animaux, notamment les vers et les arthropodes).

Pas d'anus, pas de bouche, pas de système digestif. Le *Riftia pachyptila* ne possède aucun dispositif digestif, même pas le plus rudimentaire. C'est un ver tubicole géant, extrêmophile, vivant dans les grands fonds marins, à proximité des cheminées hydrothermales. Il vit en colonies très denses, pouvant atteindre 100 à 200 individus par m^2. Avec ses longues branchies, il capte les éléments chimiques émis par les sources hydrothermales, comme l'hydrogène sulfuré (sulfure d'hydrogène, H^2S), le dioxyde de carbone (CO^2), et le dioxygène (O2). Ces éléments chimiques transitent par le sang du ver jusqu'à une poche, appelée trophosome, qui contient des bactéries chimiosynthétiques. Elles synthétisent des sucres avec les éléments chimiques reçus, que le ver peut assimiler.

Voici un vertébré sans aucun système digestif, tout du moins le mâle : la baudroie. C'est un poisson benthique, c'est-à-dire qu'il vit dans les fonds marins. On le trouve jusqu'à 3 000 m de profondeur. Le groupe comporte beaucoup d'espèces (plus de

300), et les plus grandes peuvent mesurer jusqu'à deux mètres. Un excellent camouflage (la baudroie imite à merveille les fonds marins), un leurre bioluminescent au-dessus d'une énorme gueule (qui lui donne un aspect très laid et effrayant) font d'elle une redoutable prédatrice. Quelques espèces sont pêchées et consommées, et se retrouvent sur nos étals sous l'appellation de « lotte », qui est la queue du poisson (la tête n'est vraiment pas vendeuse). À ne pas confondre avec la lotte de rivière (ou lote), qui n'a aucun lien avec elle. Le dimorphisme sexuel de la baudroie est énorme : le mâle mesure à peine que quelques millimètres. Le mode de reproduction est particulier : une fois qu'un mâle a trouvé une femelle, il la mord au niveau du ventre et s'accroche à son corps. Le couple « fusionne », le mâle perd alors ses yeux, ses nageoires, ses dents et la plupart de ses organes internes, dont son système digestif, pour ne devenir qu'une poche à sperme. L'ensemble de son métabolisme dépend alors uniquement du sang de la femelle. La femelle baudroie trimbale souvent plusieurs mâles. De quoi faire réfléchir les plus misogynes d'entre nous.

Le mâle de la bonellie verte est également réduit à un réservoir à spermatozoïdes. La femelle est un ver marin en forme de T, d'environ un mètre. Au départ, les larves sont asexuées. Lorsque l'une d'elles heurte un support, elle s'y accroche, devient une femelle et grandit. Quand une autre larve, nouvelle venue s'approche de la femelle adulte, elle s'accole, se masculinise, mais reste minuscule et mal formée, presque 1000 fois plus petite que sa belle. Ce nouveau mâle s'installe ensuite dans son pore génital pour se reproduire. Son rôle est uniquement reproducteur, son anatomie étant essentiellement constituée des organes génitaux. Il se nourrit des sécrétions de la femelle, son tube digestif atrophié n'étant pas fonctionnel.

Une espèce de limace de mer, de l'ordre des *Sacoglossa*, se prive un temps de son système digestif : elle se décapite. Tout ce qui se trouve sous le cou, les organes vitaux inclus, heureusement, tout repousse entièrement en moins d'un mois. Cette pratique radicale aurait pour objectif une sorte de « reset » permettant de se débarrasser des parasites. Le corps détaché meurt rapidement, en revanche la tête, dont la blessure au niveau du cou cicatrice en un jour, survit. Le gastéropode, ou ce qu'il en reste, puise vraisemblablement son énergie de la photosynthèse qui se produit dans les cellules des algues ingérées, car il n'a plus de tube digestif pendant la durée de régénération de son corps.

Les gastrotriches sont de minuscules organismes longiformes, mesurant de 0,1 à 4 mm de long. Ce sont des bilatériens, et à ce titre, ils possèdent un système digestif. Ils vivent entre les grains de sable et les sédiments marins ou d'eau douce. Ils se nourrissent en aspirant l'eau, retenant les minuscules organismes qui s'y trouvent. Seulement le gastrotriche est un glouton et a les yeux plus gros que le ventre ou plus précisément que l'anus. Il arrive qu'il aspire une particule inorganique trop grosse pour son anus, et qu'elle ne puisse plus être rejetée. Cela peut être aussi une proie aspirée vivante qui continue de vivre tranquillement dans son intestin. Dans certains cas, il peut y en avoir plusieurs, au point de rendre le gastrotriche complétement difforme.

Le *Regimbartia attenuata,* un coléoptère, parvient, lorsqu'il est ingéré à ne pas être digéré et à ressortir indemne du système digestif d'une grenouille. Il ressort souvent empêtré dans les boulettes fécales du batracien. Tête la première, il ressort indemne au bout de quelques heures, voire de quelques minutes dans certains cas (au lieu de 24 h pour un cycle normal de digestion de la grenouille). Le chemin de la bouche du batracien à son anus est long et périlleux pour le petit scarabée, qui survit en piégeant une petite poche d'air sous ses ailes. Il parvient à s'évader rapidement : il agite ses pattes pour se déplacer à l'intérieur du tube digestif vers la cavité abdominale de l'amphibien dont les sucs gastriques ne digèrent pas sa carapace. Arrivé près du but, les mouvements de ses pattes stimulent le réflexe de défécation de la grenouille. 90 % des coléoptères survivent à l'ingestion et à l'excrétion par l'anus de l'amphibien.

Un autre coléoptère, le scarabée bombardier, lui, a adopté une autre technique pour se sortir d'une mauvaise passe. Il force le crapaud qui l'a ingéré à vomir avant d'être digéré. Pour ce faire, l'insecte projette par son abdomen un acide puissant lorsqu'il se sent en danger. Il possède un réseau interne élaboré de réservoirs et de valves pour créer une réaction chimique entre de l'hydroquinone, du peroxyde d'hydrogène et des enzymes servant de catalyseur. En plus de produire un liquide hautement corrosif, la réaction est exothermique : elle dégage de la chaleur jusqu'à 100 °C. Elle libère également des gaz qui se dilatent, permettant de projeter le tout, rapidement et puissamment, forçant le crapaud trop gourmand à vomir l'insecte, qui en sort gluant, mais vivant.

Les scarabées bombardiers représentent environ 500 espèces. Ils possèdent tous ce mode de défense contre leurs prédateurs, souvent des fourmis. Ils peuvent projeter leur poison dans presque toutes les directions, sauf lorsqu'ils volent.

Le lézard cornu (*Phrynosoma cornutum*) se joue des défenses des insectes qu'il ingère, en l'occurrence certaines fourmis, qui constituent son régime alimentaire exclusif. Une partie du tube digestif du reptile est tapissée d'un mucus protecteur. Celui-ci rend les dards venimeux de l'insecte inefficaces. Cette adaptation est salutaire pour le lézard, car la fourmi moissonneuse qui est à son menu, possède le venin le plus dangereux et mortel du monde des insectes. Le lézard à corne est également connu pour sa capacité de camouflage, sa propension à se gonfler en cas de danger, rendant effrayantes ses excroissances pointues qu'il possède le long du corps. Il est souvent confondu avec le diable cornu ou moloch (*Moloch horridus*), qui vit en Australie. Il est très ressemblant, mais possède une particularité unique au monde : dans les cas extrêmes de danger, il projette des jets de sang à plus d'un mètre cinquante, provenant de poches situées sous ses yeux.

Revenons à la digestion. Celle des placozoaires est certainement la plus troublante. Ces minuscules animaux marins, d'un ou deux millimètres, sont semblables à une galette informe rampante. La digestion est externe (exodigestion). L'organisme englobe l'aliment (débris organiques, algues unicellulaires...) et la partie en contact avec l'aliment forme une cavité digestive temporaire. Les enzymes sont déversées dans cette poche et les nutriments sont dissociés. Les produits de la digestion sont ensuite absorbés.

Chez certains invertébrés, des insectes ou des arachnides, la digestion se fait aussi à l'extérieur de leur corps. Le principal avantage est de pouvoir se nourrir de proies beaucoup plus grosses qu'eux. Leur salive contient des enzymes qui liquéfient l'endosquelette de leurs proies (l'intérieur de l'insecte, par opposition à l'exosquelette), une sorte de prédigestion. Après les avoir paralysées à l'aide d'une morsure venimeuse, ils attendent leur liquéfaction afin d'en aspirer le contenu.

Les étoiles de mer pratiquent la digestion externe, ce qui leur permet de se nourrir de proies plus grosses qu'elles également. Elles se déplacent, la bouche vers le sol et l'anus vers le haut. Elles ont des pieds plein les bras, les podia (podion au singulier). Ce sont des petits tentacules qui lui servent à se déplacer, à se fixer et à saisir des proies. Toujours avec leurs podia, elles capturent des mollusques, des crustacés ou des éponges. Elles dévaginent ensuite, tel un doigt de gant, une partie de leur estomac, qui est alors mis en contact avec la victime qui finira dégradée grâce à leurs sucs gastriques. Ses podia, très puissants et très collants, peuvent ouvrir un bivalve. Son estomac est tellement flexible qu'il est capable de s'insérer dans une toute petite ouverture. Une fois la digestion terminée (jusqu'à dix heures), l'estomac retourne tranquillement à l'intérieur de son corps pour finir le travail.

Si une grenouille mange quelque chose de non digeste, voire toxique, elle ne peut pas vomir le contenu de son estomac. Au lieu de cela, la grenouille a recours à une éversion gastrique complète. Elle essuie ensuite son estomac qui pend de sa bouche avec ses pattes avant, afin d'en retirer tous les morceaux. Puis elle replace le tout dans son corps, où il restera vraisemblablement jusqu'à ce qu'elle mange le prochain morceau nocif.

Les requins peuvent aussi se retourner l'estomac, pour se purger des déchets non digestes, ou même pour des objets avalés par inadvertance. L'éversion gastrique est très rapide, quelques secondes, seulement. Chez les squales, l'estomac est très grand, cela lui permet d'avaler sans mâcher des proies de taille conséquente, pouvant atteindre la moitié de la longueur de leur corps, suivant les espèces. Il leur faut donc du temps pour digérer. C'est pour cette raison qu'il est fréquent de retrouver des animaux entiers à l'intérieur de ces superprédateurs. En revanche, les intestins prennent peu de place. Leur forme torsadée, comme les pâtes fusilli, permet d'offrir une importante surface de contact avec les nutriments, pour en optimiser l'assimilation.

Au sujet des requins, nous pouvons citer le requin du Groenland (*Somniosus microcephalus*). Ce requin carnivore de belle taille (jusqu'à 7 m) est le vertébré qui a l'espérance de vie la plus longue, estimée à 400 ans. Pour atteindre cet âge incroyable, il vit au ralenti. Tout est lent chez lui, sa croissance (environ 1 cm par an), ses déplacements et son métabolisme. Sa biologie est méconnue, mais il a très probablement l'une des digestions les plus lentes du règne animal. Le malheureux est parasité par un crustacé, qui s'installe sur sa cornée, le rendant aveugle, ce qui ne semble pas l'affecter, évoluant dans les fonds obscurs. En revanche, il est probable que le parasite lui offre une contrepartie : il est bioluminescent et attire les proies vers son hôte.

Les crocodiliens ont également une digestion très lente, pouvant aller jusqu'à une vingtaine de jours, lorsqu'ils ont ingéré de très grosses proies. Les crocodiliens sont plus proches des oiseaux que des autres reptiles : un alligator a donc un lien de parenté plus fort avec un colibri qu'avec un varan. Encore une apparence trompeuse, que la phylogénie a une nouvelle fois mise en évidence. Les crocodiliens et les oiseaux ont en commun un système stomacal très similaire. D'ailleurs, les crocodiliens possèdent souvent un gésier, qui a la même fonction que celui des oiseaux. Ainsi, l'ingestion de gastrolithes est fréquente chez ces reptiles.

Les serpents ont probablement les enzymes et les sucs digestifs les plus formidables et les plus puissants du règne animal. La grande majorité des espèces peuvent digérer les parties dures de leurs repas (peau, becs, os…) et même, dans certains cas, les dents. On retrouve parfois quelques restes de poils dans leurs déjections. Les constricteurs (anaconda, python, boa) arrivent à étouffer de très grandes proies, possiblement plus grosses qu'eux : des cervidés, des cochons sauvages ou d'autres reptiles. Les alligators peuvent même figurer à leur menu. Sachant que l'inverse est vrai aussi, l'issue des combats va être déterminée par la taille et la force des protagonistes. Le système digestif de ces gros serpents peut mettre plusieurs semaines pour venir à bout de gros animaux.

La digestion la plus longue semble revenir aux sangsues. Leur tube digestif est aussi gros qu'il est rudimentaire : une bouche du côté de la ventouse antérieure, l'anus au milieu de la ventouse postérieure, et, entre les deux, un immense intestin, appelé le coeca, qui stocke le sang. Le célèbre annélidé hématophage se nourrit rarement : pas forcément facile de s'accrocher à une proie mobile. Une fois repue par une ingestion de sang pouvant représenter jusqu'à dix fois son poids, la sangsue se décroche et va tranquillement finir sa digestion pendant plusieurs mois, en attendant une prochaine opportunité.

Regardons le tube digestif des mammifères. Il est grossièrement proportionnel à la taille de l'animal (le paresseux, dont il est question plus tard, est une exception parmi d'autres). C'est donc sans surprise que le plus long est celui de la baleine, avec près de 200 m, vient ensuite la girafe, avec 80 m environ.

Le régime alimentaire conditionne également la longueur de l'intestin. Les carnivores et les frugivores sont dotés d'un tube digestif plus court, ces aliments étant faciles à digérer. Les herbivores, qui consomment beaucoup de matières végétales fibreuses, ont tendance à avoir un tube digestif plus long. Le tractus gastro-intestinal a besoin de beaucoup de temps pour digérer la cellulose des plantes. Les omnivores, comme les humains, se situent entre ces deux extrêmes. Un exemple parlant de l'influence du régime alimentaire sur la longueur du tube digestif : celui du chat sauvage, qui est strictement carnivore, est plus court que celui du chat domestique. Le félin, se frottant à l'homme depuis le début de l'agriculture, il y a 10 000 ans environ, a été rapidement vu comme l'auxiliaire idéal pour protéger les stocks de grains des indésirables. Au cours du temps, son alimentation est devenue plus variée, et l'évolution lui a offert un système digestif plus adapté.

Ces deux paramètres déterminent donc la longueur du tube digestif, qui, à son tour influe directement, sur la vitesse de digestion. Plus il est long, plus elle est lente.

Malgré les énormes différences digestives entre les plus grands mammifères et les plus petits, une constante inattendue leur est commune : que l'animal pèse 6 tonnes ou quelques grammes, il met approximativement 12 secondes pour déféquer. Des chercheurs ont même énoncé le fait sous la forme d'une équation mathématique. Ils ont d'abord considéré la longueur des matières fécales qui est proportionnelle à la taille du rectum des animaux. Ensuite, ils ont calculé que la pression exercée pour éjecter ces déchets est la même, de l'éléphant à la souris. Enfin, ils ont trouvé le paramètre primordial qui permet de garder constante la durée d'excrétion : le mucus, qui recouvre tout le côlon et lubrifie le passage. L'épaisseur du mucus et sa viscosité sont proportionnelles à la taille de l'animal. Ce qui veut dire que si l'éléphant a un bien plus grand rectum que la souris, il a aussi plus de mucus, lui permettant d'excréter plus vite une quantité plus importante de matières fécales, ce qui, à la fin, revient au même que dans un plus petit rectum. Cela ne fonctionne, bien sûr, que dans un cadre normal. La diarrhée ou la constipation, modifient drastiquement cette brillante formule mathématique.

3 Estomac ou pas ?

Le rôle de l'estomac est à la fois mécanique et chimique. En se contractant, les couches musculaires assurent le brassage du bol alimentaire et sa progression dans l'organe. Il sécrète un mélange d'acides et d'enzymes qui décomposent les aliments, en particulier les protéines et les graisses, afin de les rendre accessibles à l'absorption. L'estomac sécrète un mucus qui tapisse ses parois afin de le protéger des acides digestifs qu'il produit. Il a également une fonction de stockage des aliments.

Comme nous l'avons vu, les éponges n'ont pas réellement de système digestif, donc pas d'estomac. Les cnidaires n'en ont pas non plus, mais possèdent une cavité digestive, appelée gastroderme. Les lys de mer, les oursins et les concombres de mer en sont dépourvus. Ils ont uniquement un tube digestif avec une bouche et un anus. À l'inverse, les méduses n'ont qu'un estomac, très grand, qui s'étend dans l'ensemble de leur ombrelle, débouchant sur un seul orifice central. Les étoiles de mer en ont deux : l'estomac cardiaque, qui est dévaginable (on l'a vu) et l'estomac pylorique qui se prolonge dans chaque bras. La majorité des vertébrés en ont, mais quelque 5 000 espèces en sont dénuées. C'est le cas pour un quart des poissons osseux.

Tous les mammifères ont un estomac… Sauf celui qui n'en a pas. L'inévitable exception porte le nom d'ornithorynque. Son œsophage débouche directement dans l'intestin. La nourriture est stockée dans ses abajoues. Une fois sur le rivage, il peut ensuite la mastiquer tranquillement avant qu'elle n'arrive dans son système digestif. Comme il perd ses dents à l'âge adulte, il est pourvu pour mâcher, de structures particulières dans son bec, qui sont très souples, comme du caoutchouc. Mais c'est loin d'être la seule spécificité de cet animal. L'ornithorynque ne fait rien comme les autres mammifères : il a un cloaque et pond des œufs, mais allaite ses petits, sans toutefois avoir de mamelles, le lait suintant à travers la peau. Il a un bec de canard, une queue de castor et des pattes de loutre. Lorsqu'il plonge, il ferme totalement les yeux, alors pour chasser, il utilise un système d'électrolocalisation situé, dans son bec, qu'il agite de gauche à droite. Il se nourrit principalement de larves d'insectes aquatiques, d'invertébrés et de petits poissons. La femelle vit le jour, quand le mâle vit surtout la nuit. Ce dernier porte sur les pattes postérieures un aiguillon qui peut libérer du venin, cas unique chez les mammifères. La piqûre est très douloureuse et capable de paralyser le membre d'un humain et de tuer des animaux de taille moyenne (un chien par exemple). Certaines de ses caractéristiques physiologiques sont proches des reptiles, des oiseaux, des amphibiens, et même des poissons cartilagineux. Comme les autres mammifères, il est homéotherme, avec une température corporelle stable de 31 °C. Mais là encore, il ne peut pas faire comme tout le monde : les autres mammifères, sont plutôt autour de 37 °C. C'est certainement le mammifère le plus extravagant. Il vit en Australie, cette ile-continent qui détient d'ailleurs la palme des animaux les plus étranges. L'ornithorynque est un monotrème comme les échidnés, dont il partage beaucoup de caractéristiques.

Les ruminants possèdent quatre estomacs qui ont des fonctions distinctes. La panse (ou rumen) est le « réservoir à régurgitation ». Il peut atteindre 200 l chez un bovin adulte. Le bonnet (ou réticulum) renferme la majorité du microbiote. Le feuillet (ou omasum) qui extrait l'eau des aliments. Et la caillette (ou l'abomasum) qui est comparable à l'estomac des monogastriques. La rumination, c'est le retour des aliments vers la bouche pour y être mastiqués et imprégnés de nouveau de salive, avant une nouvelle ingestion. Les ruminants sont des herbivores prégastriques. Le koala, le lapin ou le cheval sont en revanche des herbivores postgastriques. C'est-à-dire que la fermentation se réalise après l'estomac.

La panse, le premier estomac des ruminants, est une poche de fermentation. Seulement, quand l'animal déguste des jeunes pousses et des bourgeons gorgés de sève bien sucrée, cette fermentation produit de l'alcool. Il n'est pas rare d'observer des chevreuils se comporter de façon inhabituelle, en faisant des bonds, des cabrioles, et qui ont perdu la notion de danger. Il ne faut pas oublier que l'alcool est un poison que la plupart des animaux fuient. En revanche, des musaraignes (comme le toupaye à queue plumeuse), des lémuriens (le aye-aye), des chauves-souris et des singes ont des enzymes qui inhibent la toxicité de l'alcool. Le record semble être attribué au loris lent, un petit primate indonésien qui se nourrit presque exclusivement d'un nectar contenant de l'alcool à près de 4 %. L'évolution a permis à ces animaux d'élargir leur alimentation à la consommation de fruits très mûrs et fermentés. Nous avons, nous aussi, cette résistance et appétence pour l'alcool, le capitaine Haddock un peu plus que les autres.

Le terme ruminant est à la fois un clade (un sous-ordre), regroupant les bovins, les ovins, les caprins, les cervidés, les girafidés, ainsi qu'un mode d'alimentation également adopté par les camélidés. Ceux-ci ne possèdent en revanche que trois estomacs.

La grenouille plate à incubation gastrique (*Rheobatrachus silus*) incube, comme son nom l'indique, ses œufs dans son estomac. Ou plutôt incubait, car malheureusement, elle est considérée comme éteinte depuis 1981, date à laquelle a été observé le dernier spécimen vivant. Elle vivait dans une toute petite région à l'est de l'Australie. La femelle, mesurant cinq centimètres, avalait ses œufs (une vingtaine) et les incubait dans son estomac pendant 6 et 8 semaines. Durant cette période, la fonction de digestion était suspendue. Les œufs étaient recouverts d'un mucus insensible aux sucs gastriques. Après la métamorphose des têtards, les petites grenouilles sortaient par la bouche de leur mère. Pendant cette période, l'estomac pouvait grossir jusqu'à atteindre 40 % du volume du batracien.

Ce n'est toutefois rien au regard de la tique, le fameux acarien géant, qu'on ne présente plus. L'estomac de la femelle de certaines espèces peut se dilater tellement, que la bestiole voit son poids multiplié par 150. Il lui faut tout de même plusieurs jours (environ une semaine) de succion ininterrompue pour arriver à cette performance.

Les grèbes se protègent l'estomac avec leurs petites plumes. Ils les arrachent de leur poitrine, et les ingèrent. Les plumules tapissent ainsi leur estomac, et le protègent des parties dures de ses proies, comme les zones pointues de l'exosquelette de gros insectes par exemple. Ils le font également avec leurs oisillons.

L'argonaute est un petit mollusque octopode, semblable à un petit poulpe. La femelle d'approximativement 15 cm (suivant les espèces) sécrète une « nacelle », une sorte de fine coquille protectrice et incubatrice. Le mâle est minuscule, 2 cm à peu près, est dépourvu de coquille, ce qui le rend extrêmement vulnérable dans la zone pélagique où il vit. Il se cache souvent sous l'ombrelle d'une méduse. Non content d'y trouver un refuge, il lui arrive d'en abuser en lui subtilisant la proie qu'elle vient d'ingérer. Il lui perce l'estomac pour s'approprier directement le butin.

Certains cératopogonidés, minuscules mouches hématophages, peuvent, lorsque l'occasion se présente, subtiliser le sang directement dans l'estomac d'un moustique ou d'une tique. Un exemple d'hyperparasitisme.

Les indésirables intestinaux

Les gas hiles sont des mouches dont les larves se dévelo dans le système digestif des équidés. Elles pondent leurs ur les poils de l'animal. Lorsque celui-ci se lèche, les gérés éclosent dans l'estomac, les larves s'accrochant les muqueuses de l'organe. Elles sont ensuite excrétées ne de pupe (dernier stade larvaire) et passent au stade dans le sol. Ce parasitage ne provoque pas de maladie mais peut engendrer des troubles digestifs, comme des es ou des diarrhées.

système digestif, les vers intestinaux en ont fait leur spécialité : ils parasitent d'innombrables animaux, des insectes aux mammifères. Suivant les espèces, la longueur peut varier de quelques millimètres à plusieurs mètres. Même la baleine, n'est pas épargnée. Son petit ver solitaire à elle mesure une quarantaine de mètres. Les vers intestinaux se sont hyperspécialisés pour devenir des parasites, à tel point qu'ils ont abandonné leur système digestif. Ils sous-traitent, en quelque sorte, la fonction digestive. Ils utilisent celui d'un animal hôte, ils s'accaparent directement les nutriments qui sont en cours de digestion, dans les intestins de ce dernier et les assimilent par des microvillosités de leur tégument. Il y a beaucoup d'affections dues à des vers parasites, principalement des vers plats, mais également des ronds. La désignation de ver plat et rond peut paraître simplificatrice ou schématique, mais en fait non, c'est avec les vers annelés, les trois embranchements de vers : les vers plats (plathelminthes), les vers ronds (nématodes) et les annélides (ver de terre et sangsues, entre autres). Attention, il ne faut pas confondre avec les asticots, qui sont le stade larvaire de certains insectes. À noter que justement les diverses formes larvaire es vrais vers ne sont pas forcément vermiformes.

Il en est un qui est particulièrement machiavélique : *Chordodes formosanus*. Il vit sous forme larvaire rond mares de l'est de l'Asie. Les larves sont ingérées par des arthropodes aquatiques, eux-mêmes mangés par une religieuse, l'hôte définitif. Une fois l'insecte infecté, l commence à se développer. Arrivé à l'âge adulte, il sécrète protéines qui prennent le contrôle du système nerveux de l'hô le dirigeant vers un plan d'eau où il s'immerge pour que le v puisse être excrété. Il est immense par rapport à l'insecte, jusqu'à 90 cm de long, et pèse davantage que ce dernier. La plupart du temps, la mante, vidée, repart vaquer à ses occupations. Le ver ne manipule son hôte définitif que lorsqu'il est mature. Ainsi, si l'hôte est infecté par plusieurs vers à des stades de croissance différents, il retournera à l'eau chaque fois que nécessaire pour les parasites. Des coléoptères, des sauterelles ont également la malchance de servir d'hôtes à ces vers parasites, qui les contraignent à les déféquer dans un plan d'eau.

Certaines espèces de grillons sont encore plus malchanceuses, le ver dévore le système gastrique de l'insecte. Il ne reste alors au grillon que le minimum vital pour se jeter dans l'eau. Le ver, repu et énorme, s'extirpe en perçant un trou à travers l'exosquelette pour rejoindre le milieu aquatique et se reproduire.

Des escargots terrestres sont aussi victimes d'un ver manipulateur. Par le même mécanisme, la larve du parasite amène le gastéropode, hôte intermédiaire, à ingérer les œufs dans les excréments des mammifères infectés.

Encore plus diabolique. Des escargots, encore, subissent les désagréments d'un ver plat trématode, le *Leucochloridium paradoxum*. Celui-ci parasite les tentacules du gastéropode. Il s'y développe et les fait gonfler, en les striant de rayures très colorées, qui ondulent telles d'appétissantes chenilles, prêtes à être dévorées. De plus, il modifie le comportement de l'escargot en le faisant quitter les milieux ombragés pour sortir à découvert. Un oiseau alléché par ce qu'il croit être une grosse chenille, dévore les tentacules parasités devenus énormes, et le ver finit son cycle dans l'intestin de l'oiseau. Les œufs du parasite dans les fientes sont enfin prêts pour un nouveau cycle. Si l'escargot a la chance de s'en sortir avec seulement la perte de ses tentacules, ceux-ci repousseront.

Le plus célèbre est sans doute le ténia. Ou plutôt les ténias. Il y en a pour tous les goûts. Ce sont des vers plats parasites. Le *Ténia saginata* ou ténia du bœuf, peut vivre jusqu'à 30 ans dans l'intestin grêle d'un humain, l'hôte définitif. Pour simplifier, il est constitué d'une tête, qui s'accroche à la paroi intestinale. La tête du ver génère des anneaux, appelés proglottis, dont le nombre augmente avec l'âge : jusqu'à 2000, portant la longueur du ver à une dizaine de mètres. Chaque anneau grossit au fur et à mesure de son éloignement de la tête : jusqu'à 20 mm de long sur 7 mm de large. Les derniers deviennent féconds, ils sont hermaphrodites et portent des milliers d'œufs. Les proglottis finissent par se détacher du reste du corps, et franchissent l'anus de manière passive (dans les selles) ou même active, chacun étant mobile. On peut retrouver alors, des sortes de « nouilles » qui bougent dans les sous-vêtements ou dans les draps. Arrivés dans le milieu extérieur, les anneaux finissent par se désagréger, libérant alors leurs œufs, disséminés sur le sol et les herbes, potentiellement avalés par un hôte intermédiaire, le bœuf. Une fois ingérés les œufs éclosent dans son tube digestif. Les larves perforent les parois de ce dernier à l'aide de leurs crochets, passant dans le système circulatoire, pour aller se loger dans le muscle. Ainsi, elle est susceptible d'être transmise à l'homme par ingestion de la viande mal cuite. Il existe aussi le ténia du porc, très rare de nos jours.

Un autre ténia, remarquable par son cycle à quatre ou cinq hôtes différents : le ténia du poisson (*Diphyllobotrium latum)*. Les œufs sont d'abord libérés dans l'eau douce par l'intermédiaire des fèces des personnes infectées, éclosent et donnent des larves qui sont ingérées par des micro-crustacés, remontent la chaîne alimentaire des plus petits poissons aux plus gros (perche, brochet ou truite), qui à leur tour sont susceptibles d'être consommés par un humain, l'hôte définitif. Si la chair du poisson ingéré est crue, marinée ou mal cuite, les larves atteignent leur maturité dans les intestins. Le ténia du poisson a une grande longévité (20 ans), peut mesurer jusqu'à 15 m, et être constitué de plus de 3 000 proglottis, qui peuvent porter jusqu'à un million d'œufs chacun. Il faut bien cela pour augmenter leurs chances de survie, leur cycle étant étonnamment complexe. On ne peut que s'incliner devant cette diablerie nécessitant autant de persévérance et de patience.

Les ténias humains étant plutôt longs et voraces, ils ont été un outil dans la pharmacopée chinoise et indienne pour maigrir, l'animal absorbant les nutriments de son hôte. La méthode consistait à ingérer des œufs du parasite. Cette idée saugrenue s'est étendue en Europe, et perdure encore : on peut trouver aujourd'hui des sites qui commercialisent des œufs de ténia. Mais c'est une bien mauvaise idée. L'amaigrissement n'est pas assuré, et si c'est le cas, ce n'est que provisoire. Suivant les métabolismes, l'amaigrissement peut au contraire être trop important et préjudiciable pour la santé. Dans tous les cas, cette méthode expose à de grosses carences : le ver pompe tout le capital d'oligo-éléments de la nourriture consommée. Enfin, s'en débarrasser n'est pas une mince affaire : même si les vermifuges sont plutôt efficaces, si la tête de l'animal reste vivante, tout est à recommencer à zéro, puisque c'est elle qui génère les proglottis.

Des traitements prometteurs contre la maladie de Crohn à l'aide de vers intestinaux sont à l'essai. Les éventuelles complications sont réduites, car les *Trichuris suis,* parasites du porc, ne peuvent survivre que quelques semaines dans le système digestif humain. Ils peuvent limiter les hémorragies internes.

Toujours dans le doux monde des vers parasites, on peut également citer la tristement célèbre douve, qui s'utilise aussi bien pour nommer le parasite (un ver plat) que la maladie qui lui est liée. La douve est un terme générique désignant plusieurs pathologies. Ces parasitoses ont des noms familiers, comme la grande douve, la petite douve, la douve du foie ou la douve de Chine, pour les plus communes. Elles ont leur équivalent sous le terme médical distomatoses, qui peuvent être hépatiques, intestinales ou pulmonaires. Certaines distomatoses ont un nom spécifique, en rapport avec le ver parasite en cause.

C'est le cas de la fasciolase (ou douve du mouton) ; elle est remarquable par le cycle reproductif complexe du *Fasciola hepatica* : les œufs sont embryonnés dans l'eau contaminée, par des matières fécales humaines ou animales. Les larves pénètrent dans un escargot aquatique où plusieurs stades larvaires se succèdent. Ensuite, elles s'enkystent sur des plantes aquatiques d'eau douce (notamment du cresson) susceptibles d'être ingérées par un hôte mammifère, animal ou humain. La larve se développe jusqu'au stade adulte dans le foie et le système biliaire. La fasciolase est présente en Europe, en Asie, en Afrique et en Amérique.

La petite douve du foie (*Dicrocoelium dentriticum*) pousse l'hôte intermédiaire, une fourmi, au suicide. Le premier hôte est un escargot terrestre dans lequel les larves se développent. Pour quitter l'escargot et passer au second hôte intermédiaire, les larves font, en quelque sorte, tousser l'escargot, qui les expulse dans une boule de mucus. Les fourmis sont attirées par celle-ci et la consomment, ingérant ainsi le parasite. Ensuite, problème : la larve, pour atteindre le stade adulte et se reproduire, doit finir dans le système digestif de l'hôte définitif, un ruminant. Or, par principe, les ruminants ne sont pas particulièrement insectivores. Mais il faut tout de même que la fourmi soit absorbée par ces herbivores. Sur les centaines de larves de douve qui ont infesté la fourmi, une se « sacrifie » en s'enkystant dans son cerveau, afin de la contrôler, tel un zombie. Les autres restent tranquillement dans son abdomen. Le contrôle de l'insecte est très sophistiqué : la larve logée dans son encéphale peut la faire monter ou descendre le long de brins d'herbe, en fonction de la lumière, de l'humidité et de la température. Durant les fortes chaleurs, l'hôte, à l'abri des herbes hautes, est protégé des rayons solaires mortels. En revanche, durant les heures fraîches du matin et du soir, les heures les plus propices au broutage, la fourmi est campée en haut d'un brin d'herbe, les mandibules plantées dans celle-ci. Une fois la fourmi ingérée, les larves rejoignent le foie et les canaux biliaires du ruminant. Ses œufs sont évacués par les excréments sur lesquels de nouveaux escargots se contamineront.

Dans les cas de parasitoses dont les parasites ont un cycle de vie nécessitant au moins un hôte intermédiaire, il ne peut pas y avoir de contagion directe, par les mains sales par exemple. L'oxyurose, au contraire, est contagieuse directement. Elle est provoquée par l'oxyure, un petit ver rond qui mesure une dizaine de millimètres. Ces vers se développent dans l'intestin grêle et le gros intestin. Chez une personne infectée, la nuit, les femelles suivent le tube digestif jusqu'à l'anus où elles viennent pondre leurs œufs, jusqu'à 10 000, afin d'offrir un avenir radieux à leur progéniture en contaminant une autre victime. Les œufs d'oxyures peuvent survivre jusqu'à neuf jours à l'air libre, ce qui laisse de grandes chances aux œufs de rencontrer un intestin tout neuf. Les oxyures sont généralement transmis par le biais de fruits ou de légumes contaminés, non lavés, consommés crus et non pelés. La transmission peut aussi se faire via des objets souillés. Les enfants sont particulièrement concernés par les oxyures, car ils ont tendance à porter beaucoup d'objets à leur bouche. Les bacs à sable sont, par exemple, très souvent à l'origine de l'infestation. Les démangeaisons anales dont ils sont les causes, amènent l'enfant à se gratter, ce qui favorise le transfert des œufs sous les ongles. C'est ensuite un cercle vicieux qui se met en place.

Si l'oxyurose est bénigne, l'ascaridiose est redoutable. Même si la contagion est, elle aussi directe, sans hôte intermédiaire, le cycle de vie du parasite est diabolique. Une fois les œufs d'ascaris ingérés, ils éclosent et libèrent les larves dans l'intestin. Les larves traversent la paroi de l'intestin grêle avant d'être transportées par les vaisseaux lymphatiques et sanguins jusqu'aux poumons. Une fois dans les poumons, les larves pénètrent dans les alvéoles, remontent les voies respiratoires, puis lorsqu'elles ont atteint la gorge, elles sont avalées. La larve parvient à maturité dans l'intestin grêle où elle demeure jusqu'au stade adulte. Ce processus prend environ 2 à 3 mois. L'ascaris, est un grand ver de couleur rosée dont la forme est similaire à celle du ver de terre, mesurant jusqu'à 40 cm de long et vivant de 1 à 2 ans. Les œufs pondus par les vers adultes sont excrétés dans les selles, se développent dans le sol, et le cycle de l'infection recommence. La femelle ascaris peut pondre jusqu'à 200 000 œufs par jour. La maladie touche près de 500 millions de personnes dans le monde et en tue chaque année 10 000. La plupart des décès surviennent chez les enfants à la suite de l'obstruction de l'intestin par les vers ou des canaux biliaires (canaux qui relient la vésicule biliaire, le foie et l'intestin grêle).

De rares cas ont été rapportés où les larves parasites, passant dans la lymphe ou le sang, se développent jusqu'à la forme adulte, dans des organes comme la peau, les yeux ou le cerveau.

Le lémurien à front roux de Madagascar a sa petite technique pour se prémunir des parasites intestinaux. Il utilise une espèce spécifique de mille-pattes qui produit et sécrète de la benzoquinone, qui est un composé chimique aux propriétés antiparasitaires. Il le capture, le mâchouille durant quelques secondes jusqu'à ce que son cadavre dégouline. Avec le « jus » du myriapode, mélangé à sa salive, il se frotte l'anus, les parties génitales et la queue pour à la fin, ingérer le tout. L'ingestion permet d'éliminer les parasites intestinaux, et l'application anale de tuer les œufs. La substance produit également un effet narcotique puissant. Un effet secondaire recherché ?

Les parasitoses humaines ne sont pas des zoonoses. Les parasitoses ne sont pas transmises par un animal « porteur » sain ou malade. Seuls les hôtes définitifs présentent des pathologies, là où les parasites arrivent à maturité. Les animaux ne sont que des hôtes intermédiaires, juste des étapes dans le cycle de vie du parasite.

Certaines de ces parasitoses, mortelles, nécessitent une chirurgie (suppression physique de l'animal). Mais heureusement, la plupart d'entre elles se soignent avec un vermifuge. Le parasite meurt et on le retrouve dans les selles. Bien souvent, ces maladies provoquent des symptômes (fièvre, fatigue, anémie, mais également toux et vomissement) avec principalement des troubles digestifs. Une analyse des fèces permet souvent de déceler la présence de parasites. Parfois, même une simple observation fournit des indications substantielles : on peut parfaitement y voir les petits oxyures, se tortillant. La surveillance des selles est pratiquée en médecine, elle possède même son outil de mesure : l'échelle de Bristol. Celle-ci les catégorise et les répertorie par forme, texture et couleur. Elle paraît tout de même dérisoire par rapport à la richesse du vocabulaire d'une peuplade amazonienne, les kayapos qui emploient plus d'une centaine de mots différents pour décrire leurs selles, et de ce fait, mieux diagnostiquer et mieux soigner.

Pendant très longtemps, jusqu'à la médecine moderne, cette surveillance a été l'indicateur principal de la bonne santé. Si bien que l'expression « Comment ça va ? » ou en version moins familière « Comment allez-vous ? », question qui interroge sur l'état physique et mental de son interlocuteur, est un raccourci de « comment allez-vous à la selle ? ». Expression qui trouve son origine vraisemblablement au Moyen Âge, et qui s'enquérait directement de la consistance, de l'odeur, de la couleur et d'autres caractéristiques des fèces.

Les rois disposaient même d'une horde de médecins qui s'employaient à faire les meilleurs diagnostics et analyses possibles avec l'observation de leurs fèces. De plus, et pendant très longtemps, les selles royales ont été assimilables à des remèdes. Elles étaient « récoltées » car on leur prêtait des pouvoirs. À cette époque, le regard sur les excréments était complétement différent : pour exemple, Louis XIV, installé sur sa chaise équipée d'un trou, rencontrait sa cour tout en lui permettant de faire ses besoins.

Un autre exemple « royal ». Marie-Antoinette, décédée prématurément des suites d'une décapitation mal soignée, observait fréquemment les selles de son fils nouveau-né. Un jour, elle découvre une teinte inédite, avec des tons jaunes, verts et orangés. Le Dauphin de France, qui avait une santé fragile, est mort à l'âge de sept ans, mais a gagné une petite notoriété : la couleur : « caca dauphin ».

En revanche, l'origine de la couleur « caca d'oie » est plus intuitive.

5 Les déchets métaboliques

Le régime alimentaire conditionne certaines caractéristiques des déjections. Il est à noter que le mot carnivore n'est pas uniquement un régime alimentaire, c'est un clade (en l'occurrence un ordre) à part entière. Contrairement à herbivore, qui désigne uniquement le type d'alimentation. D'ailleurs, cela peut donner lieu à des contresens : le kinkajou, petit mammifère arboricole amazonien de l'ordre des carnivores, est totalement frugivore. Plus connu, le panda géant est aussi un carnivore, de la famille des ursidés, mais a adopté au fil de l'évolution un régime principalement herbivore, il ne rechignera toutefois pas à ingurgiter quelques insectes ou petits mammifères, si l'occasion se présente. Ce n'est pas le seul, beaucoup de carnivores (toujours l'ordre) sont plutôt des omnivores opportunistes, à commencer par les ursidés. On peut préciser que pour les insectes, on utilise plus volontiers le terme phytophage.

Les déjections des carnivores ont tendance à être plus foncées, colorées par le sang de leurs proies, et sentent généralement plus que celles des herbivores. C'est plutôt logique, car ces mauvaises odeurs sont le résultat de la fermentation due aux bactéries intestinales. Or, comme nous l'avons vu (voir page 20) les herbivores les digèrent un maximum, il y en a donc beaucoup moins dans leurs excréments. Les crottes des végétariens sont plus volumineuses, car elles contiennent des résidus, de fibre de cellulose, mal digérés. Ces fibres sont plus ou moins grosses en fonction de la taille de l'animal. Les fragments peuvent mesurer d'un ou deux dixièmes de millimètre, à deux ou trois cm pour de très grands herbivores non ruminants, comme l'hippopotame.

Les crottes les plus remarquables sont, sans doute, celles du wombat. Il vit en Australie, cette île-continent qui, par son isolement, abrite la grande majorité des marsupiaux, tous endémiques (on trouve cependant d'autres espèces en Océanie et sur le continent américain). Les marsupiaux possèdent une poche ventrale, le « marsupium », où le jeune embryon finit son développement. Évidemment, il y a toujours une exception : le numbat, joli petit marsupial zébré, n'en a pas. La femelle possède seulement une grosse touffe de poils qui en fait office. La poche abrite les mamelles, qui permettent au jeune animal de se nourrir tout en étant parfaitement protégé. Cette poche est habituellement orientée vers le haut, mais chez le wombat, elle l'est vers l'arrière-train (comme le koala). Le wombat fait un peu plus d'un mètre de long, il est pourvu d'une adorable petite bouille, un peu entre l'ourson, le koala et la marmotte. Il se nourrit principalement d'herbe, de racines, de mousses, de champignons et d'écorces d'arbre. Il a un métabolisme lent : la digestion complète de sa nourriture s'effectue en deux semaines, ce qui l'aide à évoluer dans un environnement pauvre en nourriture. Le marsupial a la particularité d'être le seul animal au monde à faire des crottes cubiques (2 cm de côté environ). Il a une mauvaise vue, mais un odorat très développé, il se pourrait donc qu'il utilise ses excréments pour communiquer. La forme cubique de ses crottes éviterait qu'elles ne roulent et ne dispersent pas le « message ». Elles lui permettraient donc, de marquer son territoire, de repérer son chemin et de laisser les marques de son passage dans des latrines communes. Ceci est rendu possible, car certaines parties de son intestin sont rigides, d'autres, élastiques et moulent ainsi, des facettes et des angles aux excréments. Ils gardent la forme cubique, jusqu'à l'excrétion de petits cubes très durs et secs (jusqu'à 100 par jour). Il y a aussi une autre théorie, peut-être complémentaire : les wombats vivant dans un environnement très aride, leur corps chercherait à récupérer la moindre goutte d'eau présente dans leurs crottes. Leur forme offrant plus de surface de contact avec les parois intestinales, permettant ainsi plus d'échanges avec celles-ci. De cette façon, les crottes contiennent moins d'eau. D'ailleurs, les individus qui vivent dans des zoos, et qui ont plus facilement accès à l'eau, produisent des crottes plus sphériques. Il a fallu trois ans de recherches poussées pour comprendre le fonctionnement, et infirmer l'idée reçue que l'animal possédait un anus carré. Pour un peu, nous pourrions presque lui attribuer l'origine de l'expression « démouler un cake ».

Ceux de la fouine ne sont pas en reste. La fouine est un mustélidé, au même titre que le furet, le blaireau, l'hermine, la martre, le vison, la loutre ou la belette (belette qui est d'ailleurs le plus petit mammifère carnivore au monde avec 20 cm de long pour 75 g). La fouine est présente sur tous les continents (sauf l'Australie). Son corps, très fin et allongé, pâtit d'une forte déperdition calorifique, ce qui pousse l'animal, à se nourrir énormément et souvent (un tiers de son poids par jour). La fouine défèque donc beaucoup et fréquemment. Dans certains cas, ses crottes prennent une forme torsadée caractéristique, de couleur très foncée, voire noire. Elles dégagent aussi une forte odeur de moisi. Il est fréquent d'y retrouver des débris de nourriture, comme des os, des plumes, des coquilles ou des poils, qui montrent le côté très opportuniste du petit carnivore.

Un loup peut à lui seul créer différentes couleurs, du brun foncé lorsque le loup mange d'abord les muscles, le plus nutritif. Il mange ensuite la peau et les poils : les crottes deviennent de plus en plus grises et laineuses. Enfin, lorsque le canidé se résout à manger les os, ses excréments virent au blanc.

La vache peut, elle aussi, créer des « variantes » avec ses bouses (ainsi que beaucoup d'autres ruminants), suivant sa nourriture. Lorsque l'herbe est bien grasse, elle produira une bouse presque liquide, très claire, qui ne se tient pas. À l'inverse, une nourriture sèche produira une bouse bien formée, plus foncée, présentant quelquefois des cercles concentriques. Une vache peut produire jusqu'à 40 kg de bouse par jour.

Dans les diverses formes des excréments, il y a, certainement la plus célèbre, la pétoulette (ou pétole, pécole) du mouton ou de la chèvre. C'est vrai que ce petit nom mignon sied bien à ces petites boulettes noires, bien rondes. Si bien qu'enfant (on va dire très jeune), je n'ai pas résisté à la tentation d'y goûter. Ma mère m'a retrouvé avec une bouillie qui emplissait ma bouche. Impossible de me souvenir du goût, mais ce qui est sûr, c'est qu'elles devaient sembler très appétissantes…

Si les pétoulettes ont l'apparence de crottes en chocolat, elles n'ont pas une odeur agréable, contrairement à celles des loutres de rivière qui ont une senteur sucrée proche du miel. Ce petit carnivore territorial dissémine ses excréments pour délimiter son fief. Les loutres sont les animaux les plus poilus au monde : chaque centimètre carré contient autant de poils que nous de cheveux sur l'ensemble de la tête, environ 150 000. Il existe également des loutres marines, dont les crottes sentent plutôt l'eau de javel avec une légère note de poisson. Quelle que soit leur odeur, les crottes de loutre se nomment épreintes.

D'autres excréments ont aussi un nom bien à eux. La bouse des bovins ou des éléphants, le crottin des équidés, la moquette du chevreuil, les laissées du sanglier ou du renard (éventuellement des cervidés), la merdoie d'oie, les pétouilles du lapin, la fumée ou le bousard du cerf, qui bénéficie d'une distinction suivant son alimentation saisonnière. Les petites bestioles ne sont pas en reste : les cordylées du lézard, les litianes du ver à soie, les turricules du ver de vase et du lombric, sans oublier les chiures de mouches.

On dit également : l'émeu (émeut, émonde ou émou) pour les rapaces, les colombines pour les pigeons, le guano pour les oiseaux marins (et les chauves-souris). De manière générale, on dit fiente pour l'ensemble des oiseaux.

Au-delà des formes, des couleurs et des noms, parlons de la quantité. La baleine bleue, le plus gros animal au monde, presque 30 m et jusqu'à 150 tonnes, produit, sans surprise, la plus grande quantité de déjections en une seule fois, une centaine de kilogrammes. En revanche, c'est un peu décevant, mais les déjections des baleines sont diluées dans l'océan, et ne sont donc pas spectaculaires. Comme souvent, leurs caractéristiques en disent beaucoup sur ce qui est englouti, et là, c'est un peu plus croustillant : la palette de couleurs est très variée. En fonction de son repas, cela va du gris un peu terne, au verdâtre, pour finir, le bouquet final, au rose-rouge éclatant, signe d'un festin riche en krill, son menu favori. Le reste de sa nourriture étant du zooplancton, composé de petits animaux (copépodes, petits crustacés), de juvéniles de poissons ou de larves (éponges, échinodermes, mollusques, calamars). Nous savons tous, que ces grands animaux arrivent à se nourrir de proies très petites, grâce à leurs fanons qui filtrent très efficacement l'eau (les mysticètes, micro-ordre des cétacés, l'autre étant les odontocètes, dotés de dents).

Encore un record, celui de la plus grosse quantité d'excréments au monde proportionnellement à la taille de l'animal… Et c'est un reptile, un spécimen d'iguane caréné à queue bouclée (*Leiocephalus carinatus*). Il est tellement célèbre pour cette performance, qu'on lui a même donné un nom : Jean-Mi. Cette espèce de petit iguane, de 25 cm environ, vivant en zone tropicale d'Amérique du Nord, est invasive et nuisible, car très vorace et opportuniste. Preuve en est, notre Jean-Mi se gavait dans les poubelles d'une pizzéria en Floride, au point que 80 % de la masse corporelle de l'animal était composée de matières fécales (le record précèdent détenu par un python birman). L'exploit a été découvert par une équipe de scientifiques, qui étudiait la reproduction de ces animaux, croyant que Jean-Mi était une femelle pleine.

La plus grosse crotte fossilisée (appelée coprolithe) découverte mesure 44 cm de long, 13 cm de hauteur et 16 cm de large pour un poids de sept kilos. C'est sans doute l'œuvre du dinosaure vedette : le *T. rex.* Il a été découvert au Canada, dans un gisement du crétacé. Hormis le record, ce coprolithe a déjà livré de précieuses informations. Truffé de fragments d'os minuscules (à peine de l'ordre du millimètre), il montre que ce dinosaure pulvérisait ses proies avant de les ingérer.

Ces fossiles sont rares. L'un des plus chers est estimé à 10 000 dollars. Retrouvé dans l'État de Washington, il date de la période du Miocène ou de l'Oligocène, qui s'étend de 5 millions à 33 millions d'années. Ce n'est donc pas l'œuvre d'un dinosaure (vous vous rappelez, le cataclysme d'il y a 65 millions d'années…), mais l'animal, non identifié, devait déjà être de belle taille.

Le coprolithe le plus cher au monde est l'œuvre d'un Homo sapiens : un Viking. Il est estimé à 40 000 dollars. Ses mensurations sont honorables, avec ses 20 cm de long pour 5 cm d'épaisseur.

La plus grande collection de coprolithes de dinosaures appartient à un fan de paléontologie étasunien : il en aurait plus de 1300.

D'autres collectionneurs sont adeptes de crottes séchées. Pourquoi pas.

6 Ça peut servir

Construire et protéger

Puisqu'il va être beaucoup question d'insectes, il est judicieux de parler un peu d'eux. Les insectes sont des arthropodes, comme les crustacés ou les arachnides. Ils ont en commun, le fait de posséder un exosquelette, qui, ne pouvant croître, nécessite un abandon lors du développement de l'animal : les mues. Les insectes passent par plusieurs stades larvaires, plus ou moins selon les espèces, avec des noms spécifiques : larve, nymphe, pupe, chrysalide, jusqu'à l'insecte adulte, le seul stade où l'animal peut se reproduire. Ce stade adulte se nomme insecte parfait ou imago. Très souvent, l'alimentation des adultes est différente des larves, cela permet aux divers stades de vie de ne pas entrer en concurrence entre eux. C'est une de leurs formidables adaptations. Cela paye, les insectes représentent les trois-quarts des espèces sur Terre, ils sont apparus très tôt dans l'histoire de l'évolution. Ils possèdent, à quelques rares exceptions, un système excréteur formé de tubes Malpighi débouchant dans l'intestin. Ils sont intégrés dans le système rectal et éliminent les déchets. Ils ont aussi pour fonction la récupération de la quasi-totalité de l'eau avant l'excrétion, si bien que de manière générale, les défécations des insectes sont très sèches. On peut grossièrement comparer les tubes de Malpighi aux reins.

Les termites sont (principalement) des insectes dévoreurs de bois. Ce ne sont pas les seuls. C'est plutôt une bonne idée, car du bois, il y en a partout, même dans nos maisons. Seulement, c'est un aliment coriace. La lignine n'est pas valorisable, hormis pour le règne fongique. La cellulose, elle, a une structure chimique proche de l'amidon, elle peut donc être transformée en sucres alimentaires, qui sont un combustible efficace pour le métabolisme. Oui, mais à condition d'être bien équipé : les xylophages ont heureusement les enzymes et le microbiote intestinal parfaitement adaptés. Le pouvoir de digestion des termites est remarquable. Certaines espèces, très spécialisées, ont un système digestif qui représente 70 % du volume de l'insecte. Celui-ci est une véritable « usine chimique ». Le terme n'est pas exagéré : au Japon, une usine de retraitement des déchets a recours à des dizaines de millions de ces insectes pour faire disparaître des bois traités (traverse de chemin de fer, poteau…). Ces traitements du bois (souvent des métaux lourds) rendent l'incinération néfaste pour l'environnement, mais l'appareil digestif de ces termites leur permet d'éliminer les molécules nocives. Contrairement aux vrillettes, les termites ne rejettent pas de sciure ni d'excréments à l'extérieur des galeries. Ils les utilisent, mélangés avec leur salive et la terre pour construire leurs galeries appelées cordonnets. Comme ils ne digèrent que partiellement les fibres du bois qu'ils consomment, leurs matières fécales en contient encore beaucoup, ce qui constitue une matière solide et malléable.

Les larves des papillons de la famille des *Nymphalidés* sont folivores. Pour se protéger des fourmis, elles amassent leurs crottes sur les feuilles et se constituent ainsi un refuge afin de profiter pleinement de leur repas.

Chez certains coléoptères, les femelles défèquent sur les œufs qui sont ainsi camouflés et protégés par une barrière physique. Celle-ci peut même prendre la forme d'une coque très robuste, qui protège la larve jusqu'à l'imago.

La larve, du scarabée-tortue de Floride, fabrique une étonnante carapace fécale, en déroulant de longs filaments d'excréments tout autour d'elle, ils sont assemblés à l'aide d'un mucus. Cette protection est très efficace sur la plupart des prédateurs. Deux autres espèces de coléoptères s'en moquent, l'un ne cherche pas trop à comprendre et avale tout, le second, déroule patiemment la pelote pour se sustenter de la larve, mise à nu.

Chez les criocères et les galéruques (encore des coléoptères), la larve accumule sur son dos une masse informe d'excréments et de restes de mues pour se cacher et se rendre repoussante aux yeux de leurs prédateurs. La masse d'excréments colle au corps de la chenille au fur et à mesure de l'excrétion, s'agrandissant au rythme de sa croissance. Le plus connu est sans doute le léma à pieds noirs ou criocère des céréales, qui infeste les cultures. Lors d'une concentration importante, les agriculteurs passant dans les champs peuvent voir leurs vêtements se couvrir d'excréments.

En Amérique du Sud, le fournier roux (un passereau) élabore un splendide nid en forme de four à pain, avec de la boue, des fibres végétales ainsi que de la bouse.

En Afrique, le calao appelé, « banane volante » à cause de son énorme bec jaune, mure le trou d'un arbre avec de la boue et sa fiente pour dissimuler son nid. Reste juste une petite fente pour alimenter la femelle barricadée avec sa couvaison.

La mouette tridactyle, répartie dans les zones septentrionales, confectionne des petits « balcons » à flanc de falaise. Les nids, très exigus, sont collés avec de la boue et des excréments durcis sur des petites aspérités des parois.

Les manchots de Humboldt, conçoivent des grottes à partir de leurs vieux excréments accumulés durant des années. Il est plus aisé de creuser dans le guano pour confectionner leurs nids que dans la rocaille des côtes rocheuses et désertiques péruviennes.

Certains petits rongeurs confectionnent également leur habitation avec tout ce qu'il y a, à proximité, excréments compris. À Madagascar, le lémur nain garnit son nid, réalisé dans des creux d'arbres, avec ses excréments.

Les cicadelles et les cigales sont des cicadidés, des insectes suceurs de sève, comme les pucerons et les cochenilles. Les suceurs de sève ont généralement des déjections plus liquides que les autres insectes. Des cicadelles endémiques d'Australie tissent sous les feuilles d'eucalyptus dont elles se nourrissent, des abris collectifs constitués d'une armature de filins de soie, colmatés par leurs excréments, comme avec un mortier.

La cicadelle écumeuse (un cercope), créée des petites bulles avec ses excréments très liquides et visqueux, lesquelles, accumulées, forment une écume blanche, semblable à de la salive mousseuse. Elle la dépose sur ses œufs et ses larves pour les protéger du dessèchement et des prédateurs. Les jardiniers l'appellent le crachat de coucou.

Plusieurs grenouilles arboricoles pondent leurs œufs sur des feuilles, à l'abri des prédateurs aquatiques. Pour éviter la déshydratation des œufs, elles déposent dessus une écume constituée de leur urine battue en neige à l'aide de leurs pattes arrière.

Pour repousser et éloigner leurs prédateurs, l'eider à duvet et le canard pilet aspergent leurs œufs d'excréments.

Les varans de Komodo sont en haut de la chaîne alimentaire. Qui a envie de se frotter à ce gros lézard indonésien de 3 m, avec des griffes démesurées et une morsure venimeuse, proche de celle des serpents ? En revanche, les jeunes sont sujets, à une forte prédation ainsi qu'au cannibalisme. En général, les juvéniles se cachent dans les viscères de charognes ou n'hésitent pas à se recouvrir d'excréments.

La brève iris, un magnifique petit passereau du nord de l'Australie, étale régulièrement des déjections de kangourou pour masquer l'odeur de son nid.

Une petite araignée rouge utilise ses matières fécales pour éloigner les gêneurs. Elle tisse sa toile, et à chaque point de fixation, elle dissémine ses excréments. Les insectes rampants sont invités à passer leur chemin. Seules quelques espèces volantes ont un intérêt pour elle, ainsi sa toile reste vierge pour les piéger.

Se défendre

Beaucoup de tortues urinent pour perturber leurs agresseurs, et faire diversion lorsqu'elles se sentent en danger.

La couleuvre rayée (*Thamnophis sirtalis*), se rend répugnante en étalant habilement tout le long de son corps ses déjections, à coups de contorsions. Elle ajoute à son aspect repoussant une substance malodorante produite par une glande sous sa queue.

Le serpent à nez crochu, que l'on retrouve au Mexique et dans le sud des États-Unis, utilise ses excréments pour éloigner les importuns : lorsqu'il est dérangé, l'animal s'agite violemment en projetant ses déjections.

Quelques espèces de cassides (des coléoptères) créent avec leurs déjections une véritable arme de guerre. La larve dépose ses excréments sur sa partie postérieure, directement par son anus télescopique. Ils s'accumulent grâce à une fourche épineuse courbée vers l'avant. Son abdomen étant souple et mobile, la larve peut ainsi mouvoir cet agrégat de déjections et s'en servir comme d'une massue répugnante pour éloigner ses ennemis.

Des abeilles asiatiques utilisent une technique très efficace contre les frelons géants : elles collectent des excréments d'animaux et recouvrent leur ruche avec. Dans certains cas, elles vont même jusqu'à couvrir entièrement leurs prédateurs pour les étouffer.

Pour éloigner les intrus ou faire diversion, la chenille de l'hespérie (un petit papillon) peut éjecter ses excréments jusqu'à une distance d'un mètre cinquante (20 fois sa longueur). Pour réaliser la performance, l'anus est entouré de plaques qui bloquent les crottes et augmentent la pression dans le rectum, avant de les projeter.

Propulser ses déchets, la cicadelle pisseuse (dit aussi mouche pisseuse) le fait à merveille. Originaire de l'ouest des États-Unis, elle est devenue une espèce invasive en Polynésie. Elle est particulièrement vorace et peu regardante sur l'espèce végétale. Pouvant ingurgiter, chaque jour jusqu'à 300 fois son poids de sève. Elle est capable de propulser chaque goutte d'urine à grande vitesse (0,3 m/s) pour repousser ses prédateurs.

La grive litorne projette, elle aussi, ses excréments. C'est un oiseau migrateur grégaire. Lors de la période de reproduction, en Europe et en Asie septentrionale, elle devient très territoriale et défend agressivement son fief. La grive litorne est victime d'une prédation intense de ses œufs et de ses poussins dans le nid. Pour se défendre, lorsqu'elle est en plein vol, elle est capable de bombarder ses fientes sur ses prédateurs, comme le geai, la pie ou l'écureuil (et paf, le petit rongeur vient de perdre 3 points de capital sympathie). La consommation fréquente de gui les rendant particulièrement collantes et épaisses. Souvent, cette tactique est employée par plusieurs grives simultanément. Les rapaces et les corvidés n'aiment pas trop se faire asperger de fientes gluantes qui gênent leur vol. Ce comportement a également pu être observé chez d'autres espèces de grives ou de merles.

En matière de projection de fientes, les oisillons de la huppe fasciée sont également très habiles. C'est leur manière de refouler les intrus s'étant approchés un peu trop près du nid, réalisé dans des anfractuosités, le plus souvent dans des troncs d'arbres morts. Pourtant, pour éviter la proximité des prédateurs, les parents ont auparavant pris d'infinies précautions : faire du nid un endroit tout sauf attirant pour les indésirables. Durant toute la nidification, aucun des deux parents ne nettoie le nid. Les déjections, les restes de repas, voire les cadavres des oisillons morts, s'y accumulent. Ajoutez à cela une glande uropygienne (voir page 149) prolifique et particulièrement malodorante, et vous obtenez le cocktail parfait pour éloigner les gêneurs. Elle est présente dans les zones chaudes et tempérées d'Europe, d'Asie et d'Afrique.

Les goélands et les mouettes, peuvent projeter leur guano. Ils sont souvent confondus, pourtant les goélands sont beaucoup plus grands, possèdent un gros bec jaune courbé vers le bas dont la pointe est rouge. Les deux oiseaux marins sont grégaires et très territoriaux lors des périodes de nidification. Ils protègent leurs territoires par des attaques, des cris, des vols en piquet, et en dernier recours, des projections de fiente sur les imprudents, passants compris. Hitchcock a dû passer à côté de ce détail.

Le cachalot pygmée, *Kogia breviceps* et le cachalot nain, *Kogia sima*, sont de petits cétacés qui occupent toutes les zones océaniques tempérées et tropicales. Ils se servent d'un leurre pour faire diversion lors d'attaques de prédateurs. Ils libèrent par l'anus une déjection semi-liquide, d'un brun rougeâtre, qui obscurcit l'eau environnante en quelques secondes. Le cachalot géant, troisième espèce connue, a été également observé en train de pratiquer cette esquive fécale. Lors d'une rare attaque d'orques, ils se sont regroupés dans une formation défensive en étoile, avec leur tête au centre. Ils ont déféqué et agité ensuite leur queue, déroutant les prédateurs. Ce phénomène a d'ailleurs pris le nom de *whale poonado*.

Mimer

Repoussants les excréments ? Alors pourquoi ne pas profiter de cette aubaine en les imitant ?

Un papillon asiatique : le papillon *papilio lowi* en est un parfait exemple. La chenille copie admirablement une fiente d'oiseau, qui est un de ses prédateurs. La ressemblance est frappante, tout y est, la couleur ou plutôt les différentes couleurs avec du brun qui tranche avec un blanc cassé. À certains stades de son développement larvaire, la chenille prend même un aspect visqueux. Enfin, pour parfaire le tout, quand elle se sent menacée, elle sécrète une odeur nauséabonde qui finit de décourager les ennemis. Diabolique.

L'*Eudryas unio* (son nom commun américain est le *pearly wood nymph*) mime également incroyablement les excréments d'oiseaux, mais au stade adulte, lorsque le papillon est posé et ses ailes repliées.

Une autre petite bête, une araignée-crabe (*Cyclosa ginnaga*), que l'on trouve dans les forêts tropicales humides d'Asie du Sud-Est, tisse sur sa toile un disque blanc de soie au centre duquel elle se positionne. Elle affiche un abdomen brun clair un peu informe et des pattes couvertes de taches noires lui conférant également l'apparence repoussante des fientes aviaires. Elle dégage également une forte odeur. Cette araignée-crabe utilise aussi ce mimétisme pour tendre une embuscade à des insectes, attirés naturellement par les déjections pour y pondre leurs œufs. Les araignées-crabes sont nommées ainsi en raison de la longueur plus importante de leurs deux paires de pattes antérieures et de leur mode de déplacement.

On peut trouver aussi d'autres exemples d'araignées s'adonnant à ce mimétisme : *Celaenia excavata* et plusieurs espèces du genre *Mastophora.*

Une minuscule grenouille, *Litoria naispelaen*, vivant en Papouasie-Nouvelle-Guinée, voit sa forme juvénile arborer à peu près les mêmes couleurs et la même forme que la chenille du *papilio lowi.* Cependant, à l'âge adulte, elle change de couleur pour devenir vert clair avec de petites taches noires.

Il faut absolument en citer une autre, car elle s'appelle très justement « grenouille caca d'oiseaux » (*Theloderma asperum*).

Elle vit en Inde. Malheureusement, nous disposons de peu de connaissances sur cet animal rare.

L'engoulevent sud-américain, d'un brun terne, s'accroupit souvent au sol et reste figé. On peut être tenté de penser qu'il imite une bouse inintéressante.

Ces mimétismes sont des camouflages : une crotte se fond dans l'environnement. Ils sont également des mimétismes dits défensifs : le mime imite un modèle, en tirant avantage de celui-ci (une crotte a une apparence incomestible). Mais l'araignée qui imite une fiente pour attirer ses proies coprophiles est un cas de mimétisme offensif. Ce sont aussi des exemples d'évolution convergente : la technique doit être terriblement efficace pour que des animaux très différents l'aient adoptée.

Fertiliser

La fertilisation est un des rôles les plus importants des matières fécales. Elles sont les garants de l'écosystème mondial. Elles fertilisent les sols et les océans, en apportant des molécules indispensables au règne végétal et fongique, qui à leur tour, alimentent la faune.

Les lombrics sont sans conteste les meilleurs fertiliseurs au monde. Ils sont un signe de bonne santé de l'écosystème tellurique. La présence de vers de terre est une bonne chose pour le sol : ils l'aèrent, l'enrichissent de minéraux : azote, phosphore, potassium, magnésium… Le passage de la terre par le système digestif du ver de terre ajoute également des bactéries qui rendent les nutriments plus disponibles pour les racines des plantes. En moyenne et en zone tempérée, on estime que sur un hectare, entre 300 et 600 tonnes de terre sont fertilisées chaque année par les 250 000 lombrics présent dans le sol (soit une biomasse de 2 à 3 tonnes). Leur biomasse mondiale représente plus de 50 % de l'ensemble de celle des animaux terrestres, insectes compris. L'espèce la plus longue du monde est le lombric géant d'Australie, qui mesure 3 m. En France, le ver des Vosges fait un bon 60 cm.

Certains écosystèmes dépendent énormément d'excréments d'animaux. Celui des fleuves d'Afrique subsaharienne est étroitement lié aux hippopotames dont les matières fécales sont une source très importante de matière organique. Les 1500 kg de l'herbivore nécessitent d'ingurgiter une quarantaine de kilos de végétaux par jour.

Les grottes investies par les chauves-souris abritent tout un écosystème très riche et diversifié : champignons, invertébrés, amphibiens, reptiles... Le guano qui s'accumule sur le sol est le maillon de base de toute la chaîne alimentaire, dite aussi réseau trophique.

Les fourmis coupe-feuille savent parfaitement tirer profit du pouvoir fertilisant des matières fécales. Elles cultivent leurs champignons favoris dans un substrat, à l'intérieur de leur fourmilière. Il est constitué de petits morceaux de feuilles qu'elles ont coupées et rapportées, mêlés à leur salive et à leurs excréments. Elles sont de véritables agricultrices, qui prennent soin de leur production : en cas de maladie chez leurs champignons, elles les traitent avec des antibiotiques qu'elles sécrètent, et sont capables de couper et d'éliminer les parties abîmées.

Parmi les 2000 espèces de termites connus, une centaine a créé une relation mutualiste avec des champignons. Ces insectes conçoivent d'immenses termitières, pouvant atteindre 6 ou 7 mètres de haut. On pourrait dire que les termites champignonnistes sont quelque peu intolérants à la cellulose, car ils la digèrent très mal, un comble pour des termites. À l'intérieur de ces immenses structures aérées, des termites ouvriers confectionnent une « meule » avec leurs déjections mal digérées. Dans la termitière, des champignons du genre *Termitomyces* trouvent des conditions idéales à leur croissance : humidité, température stable, obscurité. Ils décomposent et dégradent la cellulose de la matière végétale qui devient assimilable par le petit système digestif si délicat de ces termites.

Dans les océans, on peut citer le cas de la baleine. Les baleines défèquent toujours près de la surface, et comme elles voyagent énormément, elles disséminent de grosses quantités de matières fécales, très riches en nutriments, comme l'azote et le fer. Ces éléments indispensables participent au développement du phytoplancton, qui, à son tour, sert de nourriture au zooplancton, mangé, entre autres, par les baleines. La boucle est bouclée.

Disséminer

Les excréments ont aussi une autre fonction tout aussi fondamentale : celle de disséminer les graines des fruits dont se nourrissent les animaux frugivores, ils sont donc les garants de la bonne santé des forêts, steppes ou savanes. Généralement, ce phénomène se retrouve plutôt chez les mammifères ou les oiseaux. Par exemple, le casoar à casque, ce grand oiseau coureur d'Océanie, est extrêmement vorace, il a une alimentation en plantes et graines particulièrement éclectique :

les graines, pépins et noyaux de plus de 250 espèces végétales différentes ont été dénombrées dans leurs défécations.

Les wetas sont des criquets géants (ordre des orthoptères) endémiques de Nouvelle-Zélande, qui peuvent atteindre une dizaine de centimètres. Leur alimentation concourt à la dispersion des graines.

D'autres animaux inattendus peuvent jouer ce rôle : la barbue de rivière est un poisson-chat omnivore, très vorace vivant dans le nord des États-Unis et qui ne dédaigne pas quelques fruits tombés dans l'eau. Comme ils sont très nombreux, leur rôle de disséminateurs n'est pas négligeable.

Les graines de certaines plantes germent uniquement lorsqu'elles passent par le tube digestif d'un animal. C'est le cas avec beaucoup de singes frugivores. L'évolution a créé un équilibre entre la lutte de la plante pour que sa graine résiste aux sucs gastriques et le frugivore qui cherche à optimiser tous les nutriments du fruit (endozoochorie, voir page 25). Dans cette course à l'armement, le tégument est devenu tellement coriace qu'il empêche la germination directe, et seuls les sucs digestifs du frugivore l'affaiblissent juste ce qu'il faut pour germer après son passage dans le système digestif.

A tel point que la plante et l'animal peuvent être étroitement liés, l'un ne pouvant pas vivre sans l'autre. Une espèce de baobab, arbre emblématique africain, doit tout à quelques espèces frugivores de chiroptères nocturnes, car ses fleurs ne s'ouvrent que la nuit.

Une espèce d'arbre, endémique d'île Maurice, un « bois de fer » (nom commun de plusieurs espèces d'arbres dans le monde), n'a pas poussé depuis la disparition des dodos à la fin du XVIIe.

L'oiseau se nourrissait de la pulpe du fruit, ses puissants sucs gastriques dissolvaient le tégument coriace de la graine. Pour remédier à ce problème (les Mauriciens avaient déjà perdu leur animal fétiche), des dindons ont été recrutés.

L'oryctérope est un étrange animal, un puzzle de fourmilier sans poils, de queue de kangourou et de groin de cochon, ce qui lui a donné d'ailleurs son surnom de « cochon de terre ». C'est le seul représentant de son clade. Il mesure 1,30 m environ, et possède les griffes parmi les plus puissantes du règne animal. Elles lui servent à se terrer dans le sol le jour, et à débusquer les insectes dans les termitières et fourmilières la nuit. Bizarrement, il complète son régime alimentaire avec une seule et unique matière végétale : une cucurbitacée africaine, le concombre « aardvark » (*Cucumis humifructus*). Ce fruit est très particulier, il pousse d'abord sur le sol, et finit sa maturité dans la terre. Mauvaise blague de Dame Nature : les graines ne peuvent pas germer, la coque du fruit étant beaucoup trop épaisse. Mais heureusement, notre oryctérope est là : il déterre, dépèce et mange le fruit dont les graines se retrouvent dans ses excréments qui peuvent enfin germer. La présence de la plante est donc directement liée à celle de l'animal : sans lui, pas de aardvark (c'est d'ailleurs aussi un autre surnom de l'oryctérope).

Voici un autre exemple tout aussi prodigieux de mutualisme avec les népenthes. Ce sont des plantes carnivores passives (pas de partie mobile), qui prennent la forme d'un pichet (*tropical pitcher plants* en anglais). Attirés par le nectar, les insectes glissent et tombent dans le liquide contenu dans l'urne et sont dissous. Classique. Mais certaines espèces ont développé une relation mutualiste avec de petits animaux pour enrichir leur alimentation d'azote. Elles laissent ceux-ci se délecter du liquide sucré, qui, en échange, défèquent fréquemment dans l'urne. Un exemple avec le tupaï des montagnes, tout petit mammifère arboricole endémique de Bornéo, semblable à une musaraigne.

Encore mieux. Une autre espèce de népenthès a noué une relation mutualiste avec la chauve-souris laineuse de Hardwicke : la plante sert d'abri à l'animal et se nourrit de son guano en échange. Pour attirer les chauves-souris, la fleur a même développé une capacité à réfracter les ultrasons.

Disperser

Dans les Bermudes, du sable de quartz recouvre certaines plages, cependant celui-ci n'est pas issu de l'érosion des roches environnantes, d'une géologie distincte. Ce sable ne peut pas provenir non plus d'autres îles ou du continent, étant hors de portée des vents dominants. Une théorie prévalente propose une dissémination par les oiseaux migrateurs, dont ces îles sont une étape majeure : des gastrolithes produits par des dizaines de millions de gésiers. Finement broyés, puis déféqués ou régurgités, ils s'accumulent depuis des millénaires et forment ces plages insolites.

Le sable blanc corallien, des belles plages tropicales où vous vous prélassez, a très probablement traversé le tube digestif d'un poisson-perroquet. Celui-ci doit son nom à sa couleur ainsi qu'à ses dents soudées en forme de bec qui lui permettent de broyer le squelette des coraux. Ces derniers étant très abrasifs, son bec croît tout au long de ses 20 années d'existence. Il se nourrit essentiellement d'algues qu'il racle grâce à sa mâchoire puissante. Les fragments de corail arrachés, sont alors broyés dans une poche semblable à un gésier. De plus, pour s'attaquer aux squelettes calcaires des coraux et aux algues coriaces, leur pharynx est tapissé de plusieurs rangées de dents, capables de les réduire en une fine poussière. Un poisson-perroquet peut produire, à lui seul, une centaine de kilos de sable chaque année. Ils sont très importants pour l'écosystème, car ils « nettoient » les récifs coralliens des algues nuisibles qui bloquent la lumière nécessaire au bon développement des coraux.

Les coraux méritent quelques mots. Ils sont miraculeux. Ils se sont adaptés à des zones quasi-désertiques et ont créé des oasis de vie, car contrairement à ce que l'on peut imaginer, les belles eaux limpides et turquoise sont pauvres en nutriments. Rien à voir avec les eaux troubles et verdâtres, gorgées de phytoplancton. Les coraux sont des polypes (imaginez une minuscule anémone de mer) qui vivent en symbiose avec des algues unicellulaires, les zooxanthelles. Les déchets organiques (des sucres) de ces algues sont assimilés par les polypes, qui, en retour, leur offrent leurs déchets azotés. Ce mutualisme couvre 80 % des besoins alimentaires du corail. Il se procure les 20 % restants, constitués de plancton, grâce à ses petits tentacules. Les coraux de profondeur, où la lumière est trop faible, s'alimentent uniquement de plancton.

Créer du lien

Les excréments peuvent servir de lien social, notamment chez les mammifères. Les lycaons, appelés aussi chiens sauvages, sont très grégaires. Chez ces jolis canidés africains, le retour de la chasse s'accompagne d'une certaine excitation, à laquelle s'ajoutent des défécations et des flatulences. On s'amuse comme on peut.

Le lâcher de déjections de certains cétacés a très probablement un rôle de domination.

L'hippopotame a une manière très personnelle de déféquer : il fait l'hélicoptère avec sa queue pour éparpiller ses crottes sur les berges de son territoire (à éviter chez soi). Les mâles dominés font de même, mais sous le museau du chef (à éviter sur son lieu de travail).

Les grands prédateurs solitaires marquent leur territoire avec leur urine, la sécrétion de leurs glandes périanales et parfois leurs excréments.

Chez les animaux sociaux, les matières fécales ont un rôle très important. Elles permettent d'identifier le propriétaire, de connaître son rang social, sa disponibilité sexuelle, son humeur, elles sont utiles pour alerter d'un danger, indiquer un chemin important. Les camélidés, notamment, disposent de toilettes communes qui sont un véritable réseau social. Précision concernant les chameaux. On distingue trois espèces, deux en Asie, avec deux bosses, et une originaire du Moyen-Orient, qui n'en a qu'une. Ce dernier s'appelle un dromadaire, ce qui signifie en grec ancien « chameau qui court ». Donc, quand vous avez un doute avec les bosses, vous dites un chameau, c'est tout. Qu'il y en ait une ou deux, les bosses sont des réserves de graisse, indispensables pour cet animal très endurant, qui a choisi de concentrer ses réserves d'énergie, le plus loin possible de son corps, pour ne pas qu'elles lui tiennent chaud. Les latrines de ces animaux grégaires permettent à chacun d'y laisser une multitude d'informations destinées à ses congénères. Ils peuvent ainsi reconnaître les identités de chacun, les éventuels dangers (présence d'hormones du stress) ou détecter les signes olfactifs d'une femelle en chaleur (phéromones) ...

Chez les rats, les excréments et l'urine servent à communiquer, notamment à réaliser des balisages pour les accès à la nourriture.

Les fourmis tisserandes communiquent par l'intermédiaire des phéromones contenues dans la sécrétion de leurs glandes anales, mêlées à leurs déjections.

S'en faire un outil

Les cigales sont les insectes les plus bruyants de la planète. Ce sont les mâles qui chantent pour attirer l'attention des femelles, grâce à leurs membranes spécifiques, les cymbales. Ces organes doivent être souples pour être opérationnels, souplesse qui exige une température extérieure d'au moins 20 degrés. Alors, plus il fait chaud, plus les cigales cymbalisent fort. Toute la partie arrière du mâle est creuse. Vide comme l'intérieur d'une guitare, pour mieux servir de caisse de résonance. Tous les organes sont relégués dans un minuscule recoin de l'abdomen, comme si le chant était plus important que les fonctions vitales. N'en déplaise à Mr De La Fontaine, lorsque la cigale chante tout l'été, c'est qu'elle l'a bien mérité. Car elle a passé sa belle jeunesse à creuser, pendant de très longues années. Les cigales passent toute leur vie larvaire dans le sol. L'espèce *Magicicada septendecim*, communément appelée « cigale dix-sept ans », passe, comme son nom l'indique, dix-sept ans dans le sol, pour quelques semaines seulement dans la peau de l'imago. Ce n'est pas le record de longévité : certains *Buprestes* (coléoptères) voient leurs larves vivre près de 50 ans dans le bois dont elles se nourrissent. Les différentes espèces de cigales méditerranéennes ont une vie souterraine comprise entre 3 à 6 ans. Les adultes se nourrissent de la sève des arbres, et les larves, de celle des racines. Les larves ont donc besoin de creuser en permanence le sol. Pour cela, en plus de leurs puissantes pattes avant, elles disposent d'une formidable adaptation. Leurs excréments, très liquides, mêlés à leurs urines, sont canalisés par des « tubes » qui partent de leur anus vers l'avant de l'animal. Ce dispositif formidable d'adaptation sert à ameublir la terre, afin de la creuser plus facilement.

La cistude d'Europe utilise aussi son urine pour creuser plus aisément le sol lors de la ponte de ses œufs.

Le trionyx de Chine, une tortue à carapace molle, n'urine pas ou peu par le cloaque, mais principalement par la bouche. Afin de limiter l'ingestion du sel de l'eau qu'elle avale, elle mélange et dilue les eaux saumâtres dans lesquelles elle évolue, avec son urine sortie de son gosier.

C'est grâce à des sous-produits issus de sa digestion, qu'un coléoptère de la famille des lampyres, le ver luisant (ou luciole), brille. Des enzymes particulières de son système digestif réagissent avec l'oxygène ambiant, donnant lieu à une réaction chimique bioluminescente. Les femelles, dépourvues d'ailes, grimpent le long d'une herbe ou d'une plante, et émettent des « flashs » lumineux de durées et de rythmes différents, pour attirer les mâles. Chaque espèce possède son propre « code ». Les femelles du genre *Photuris* ont détourné cette caractéristique : elles imitent parfaitement le clignotement d'autres espèces. Les mâles, dupés, finissent dans la gueule du loup. Un cas de mimétisme offensif flagrant.

Des excréments pour se rafraîchir ? Pourquoi pas ? Les oiseaux ne transpirent pas. Alors, lorsqu'il fait très chaud, ils doivent recourir à d'autres techniques, comme se mettre à l'ombre, se baigner, ouvrir leur bec ou écarter leurs ailes. L'une d'elles, très efficace, consiste à se faire sur les pattes. Cela s'appelle l'urohydrose. Les pattes des oiseaux sont déplumées et très vascularisées. L'évaporation de l'eau, contenue dans leurs fientes, refroidit le sang qui y circule, réduisant la température générale du corps. Les cigognes et les marabouts (qui sont de la même famille), les vautours et certains fous, pratiquent l'urohydrose.

En plus de la régulation de la température corporelle, s'éclabousser de fiente a une autre utilité chez de nombreux vautours. Ils sont principalement nécrophages. Toutes les espèces ne sont pas capables de déchiqueter la peau, parfois coriace, des cadavres d'animaux. Ceux qui en sont incapables, doivent attendre l'arrivée d'autres espèces. Ils peuvent aussi, en attendant, entamer leur repas en commençant par les voies naturelles, souvent les yeux ou l'anus. Les vautours ont des estomacs qui abritent des bactéries spécifiques et des sucs digestifs, extrêmement corrosifs. Ils peuvent ainsi digérer de la viande contaminée, non seulement sans tomber malades, mais également en éliminant efficacement les agents pathogènes et en empêchant leur propagation. Leurs déjections, aspergées, sur leurs pattes et aux alentours, « nettoient et désinfectent » les scènes de crimes. Ils sont donc très importants et bénéfiques pour leurs écosystèmes. En Inde, de nombreuses espèces de vautours sont menacées par l'urbanisation ou les pesticides, ce qui a un impact direct sur la santé publique. Malheureusement, l'animal ne bénéficiant pas d'une formidable sympathie, les dispositions pour le protéger se font rares.

Les pélicans bruns recouvrent, eux, leurs progénitures de guano frais et humide pour les rafraîchir, lors d'épisodes caniculaires. L'amour maternel est sans limites.

Un appât, voilà l'utilisation des excréments pour la chevêche des terriers. C'est une toute petite chouette d'Amérique, d'une vingtaine de centimètres et d'à peine 200 g. Elle creuse des tanières, mais préfère occuper des terriers abandonnés, creusés par des rongeurs ou des chiens de prairie. Pour déloger plus rapidement les habitants et squatter leurs terriers, la chevêche a recours à une ruse : elle imite un intimidant sifflement très semblable à celui des serpents. Une fois bien installée dans un terrier, elle se sert des bouses de vache, qui, placées à l'entrée, attirent les insectes coprophages qui figurent à son menu.

On soupçonne, le grand requin blanc de relâcher son sphincter, pour attirer de petites proies, friandes des restes de sa digestion. Immobile, masqué par un nuage jaunâtre, fixant l'horizon, il paraît être à l'affût. Certaines observations donnent à penser qu'il est aussi possible que le squale défèque dans un but de diversion, lors de tentatives de capture.

L'urine est fluorescente, elle reflète les rayons ultraviolets. Elle brille d'un jaune verdâtre sous une lumière noire. À ne pas confondre avec phosphorescent, qui est la faculté pour une matière, le phosphore notamment, de garder une luminescence un certain temps après la suppression de la lumière. Les animaux ne voient pas comme nous, et beaucoup sont sensibles aux UV. Les rapaces détectent les reflets des urines de leurs proies, leur permettant d'affiner leurs recherches. La sueur, la salive, le sperme et le sang ont aussi cette particularité. La criminalistique utilise cette caractéristique pour révéler des fluides corporels sur des scènes de crime.

Séduire

Les déchets métaboliques peuvent devenir de véritables philtres d’amour. Par exemple, le mâle girafe goûte l’urine des femelles. Les mâles peuvent se reproduire toute l'année. En revanche, la femelle n’est en chaleur que tous les 15 jours, et de surcroît, pendant une seule journée. La période des chaleurs étant très courte, le mâle doit faire une cour assidue et tester sans cesse les femelles en goûtant leur urine. Il examine la croupe et les parties génitales de la dulcinée et, si elle l'apprécie, elle produit volontairement de l'urine qu'il renifle et goûte pour y détecter d’éventuelles phéromones indiquant si elle est en œstrus. Rien qu’au goût, le mâle est donc capable de déterminer si les femelles sont prêtes ou non, lui évitant de devoir faire des efforts inutiles si elles n’ont pas la tête à ça.

À l’instar de la girafe, l’urine du porc-épic joue un rôle prépondérant dans son mécanisme de reproduction. Depuis un arbre, le mâle asperge abondamment sa courtisane avec son aphrodisiaque. Il contient des hormones qui incitent la femelle à être plus réceptive. Les femelles porcs-épics ne sont fertiles que pendant une courte période, de 24 à 48 heures. Elles libèrent alors des phéromones pour attirer un mâle. Le mâle dominant entame alors cette parade nuptiale plutôt particulière. Dans la frénésie de cette « *golden shower* », le rongeur s’asperge également avec son urine. La forte odeur reste imprégnée longtemps sur l’animal, à cause des 30 000 piquants qu’il possède, qui offrent ainsi un substrat dense et efficace. Ces effluves tenaces servent également à avertir les autres mâles de leur entrée dans un territoire occupé, ce qui peut donner lieu à de féroces combats.

Notre bon lapin commun ou *Oryctolagus cuniculus,* affectionne particulièrement les jets d'urine pour séduire. D'ailleurs, on le dit plutôt doué pour viser sa promise.

Le sapajou (singe capucin) aime enivrer ses bien-aimées avec son urine. Il vit dans les jungles tropicales d'Amérique du Sud. C'est un petit primate, rapide, agile et très intelligent, capable d'utiliser des outils pour s'alimenter. Il est omnivore comme beaucoup de singes. Il s'asperge les mains d'urine et s'enduit le corps avec. Une hypothèse prétendait que cela permettait d'abaisser sa température corporelle. Mais en réalité, seuls les mâles ont ce comportement. Il est beaucoup plus probable que cela soit pour communiquer leur statut social ou sexuel. Les mâles adultes, à maturité sexuelle, excrètent davantage de testostérone dans leur urine que les mâles juvéniles. La concentration en testostérone est aussi plus grande chez les mâles au statut plus élevé. Les femelles seraient donc plus attirées par les individus qui en dégagent le plus. On retrouve ces agissements également chez d'autres primates, comme les singes hurleurs ou les singes-écureuils.

Chez le saccoptère à deux bandes (*Saccopteryx bilineata)*, petite chauve-souris d'Amérique du Sud, le mâle possède de petites poches près des coudes, qu'il remplit de sécrétions de glandes situées sous sa tête, qu'il mélange à son urine, afin de séduire les femelles de son harem. Le mâle entame ensuite une parade nuptiale. La durée du vol, pourtant très énergivore, pourrait servir à la femelle d'indicateur de la qualité globale du mâle.

Le homard lui aussi utilise son urine lors de parades nuptiales ou lors de conflits. Sa vessie est située sous son cerveau. Dans le monde des homards, un grand mâle domine généralement une zone et les femelles font la queue pour s'accoupler avec lui. Les femelles attendent à l'extérieur de sa tanière, en urinant dans sa direction à l'aide d'orifices placés sur leur face. Le galant répond à ce doux message, s'il est consentant ou non.

Chez le serval, ce joli félin africain haut sur pattes, c'est également la femelle qui est très généreuse en phéromones, elle projette son urine à la face des mâles pour leur montrer son désir.

Le rhinocéros noir attire les femelles avec son urine et ses excréments qu'il éparpille et piétine fougueusement pour se rendre irrésistible.

Le panda, pour être sûr de bien se faire comprendre, urine tête en bas, afin de disperser son odeur le plus haut possible, et donc plus efficacement. La sécrétion d'une glande anogénitale complète le message olfactif. Il signale ainsi certaines informations : son territoire, son statut social et beaucoup de renseignements sur sa sexualité. Malgré son allure débonnaire, se cache une libido débridée, tout du moins dans la nature. Parce qu'en captivité, il est très difficile de les faire se reproduire. En revanche, son ardeur sexuelle est ranimée à la vue de vidéos pornographiques, technique qui porte ses fruits et qui est, de plus en plus utilisée dans les parcs animaliers.

En matière de forte odeur d'urine bourrée de phéromones, le bouc est plutôt bien servi. Il est très connu pour les effluves très forts qu'il exhale et qui s'accentuent au moment du rut. On dit d'ailleurs « sentir le bouc ». Il s'urine dessus, notamment, les pattes antérieures, la face et même la bouche. Vous ajoutez à cela un peu de sécrétion de ses glandes sébacées situées à la base de ses cornes, et vous obtenez ainsi le parfait élixir d'amour. Les phéromones qui s'en dégagent ne sont pas uniquement, comme beaucoup de mammifères, une manière d'attirer les chèvres de son harem. Elles déclenchent purement et simplement l'ovulation des femelles. Alors que les chèvres ne présentaient aucun cycle reproductif, elles se mettent à produire les hormones qui réveillent leur activité ovarienne. Les premières chèvres qui ovulent vont provoquer les chaleurs des autres, une réaction en chaîne terriblement efficace appelée chaleurs induites ou effet bouc.

À l'inverse, on trouve l'effet Bruce. Une souris mâle, peut, avec son urine, faire avorter une femelle. Celle-ci est donc à nouveau disponible pour s'accoupler avec lui.

L'amour rend aveugle dit-on. Le tetras des armoises, grands oiseaux des plaines d'Amérique du Nord, en est un exemple amusant. Des mâles ont déjà été observés paradant devant une belle bouse fraîche. À leur décharge, la femelle, terne et brune, a tendance à se plaquer au sol devant le glougloutement et les caquetages du mâle en rut.

7 Ça peut nous servir

Les bouses

Les matières fécales les plus utilisées dans le monde sont sans conteste les bouses d'éléphant. L'éléphant d'Afrique, plus imposant que son cousin d'Asie, mange de 200 à 250 kg de nourriture par jour et défèque dans le même temps une centaine de kilogrammes de bouse. Nul besoin de présenter cet animal de tous les records, l'un des plus populaires au monde, si ce n'est peut-être, pour signaler une particularité méconnue : c'est, avec l'homme, le seul mammifère à posséder un menton. Revenons à ce qui nous intéresse, la bouse d'éléphant. Elle peut être :

- Un fertilisant naturel.
- Un matériau de construction très efficace avec lequel on réalise du mortier, des briques séchées ou de l'enduit.
- Un ingrédient pour fabriquer du papier en Thaïlande.
- Un combustible : la bouse séchée, brûle facilement et ses cendres font un excellent nettoyant et dégraissant.
- Un répulsif contre certains insectes, dont les moustiques, en la brûlant.
- Un ingrédient pour des crèmes qui soignent certaines maladies cutanées et soulagent les démangeaisons de la peau. La bouse de vache, aussi possède des qualités antiseptiques et bactéricides avérées.
- Un puissant agent blanchissant lorsqu'elle est diluée.
- L'ingrédient d'une décoction utilisée en médecine traditionnelle africaine.
- Un remède contre la soif extrême : en pressant la bouse, il y a moyen d'obtenir quelques gouttes d'eau buvable (tout le monde connaît la fameuse vidéo de Mike Horn).

- Un ingrédient pour élaborer de la bière. Une brasserie japonaise a eu cette brillante idée.
- En Afrique du Sud, la base de l'Indlovu Gin. Les fibres des plantes extraites de la bouse sont infusées dans ce gin.
- La raison d'être du « Black Ivory ». Les grains, récupérés dans les bouses des éléphants nourris aux cerises des caféiers, servent à élaborer ce café de luxe qui, paraît-il, a des saveurs sucrées, fruitées et chocolatées.
- En Afrique de l'Est, l'ingrédient de base du « thé de savane ». La bouse est séchée pendant un an, puis bouillie.
- Un composant pour confectionner de la peinture, utilisée par certaines ethnies africaines.
- Dans le bassin méditerranéen, un matériau qui, mélangé avec de la paille, servait à confectionner des ruches appelées férulas.
- Une source de vanilline. Une bouse de vache cuite pendant une heure et soumise à pressurisation dégage cette substance. La vanille de bouse de vache pourrait coûter deux fois moins cher que celle extraite des gousses. Difficile, cependant, à accepter dans nos yaourts, on va laisser ça pour les bougies parfumées.

D'autres bouses célèbres ont été également très utiles, comme celle de yack qui servait de combustible et de produit ménager aux Tibétains.

Le « bois de vache » était pour les Indiens d'Amérique, de la bouse de bison séchée.

Au Vietnam, la bouse de buffle est encore utilisée comme enduit pour étancher les traditionnels bateaux-paniers en bambou.

Fertiliser

L'Homme a singé la nature. Le pouvoir de fertilisation des matières fécales n'a pas échappé à nos ancêtres. Comment se passer d'un fertilisant naturel si accessible lorsque l'on « invente » l'agriculture ? Les plus connus sont le lisier (matière semi-liquide composée uniquement d'excréments et d'urine des animaux d'élevage), le fumier (mélange de lisier et de litière, paille, ou fourrage), et le purin (partie liquide qui s'écoule du fumier mis en tas, mélangé à de l'eau).

De tous les fertilisants naturels, le meilleur est sans aucun doute le guano. Le guano a une concentration, en azote, phosphore et potassium, dc 5 à 10 fois supérieure aux excréments de mammifères d'élevage. Le fou varié, présent sur les côtes ouest d'Amérique latine, utilise ses excréments pour élaborer son nid, à même le sol. Il est donc facile à récolter. Comme il est très productif en fiente et que ces oiseaux sont très nombreux, il a été rapidement aisé d'y voir une manne financière. Le fou varié est le deuxième oiseau de mer producteur de guano, après les cormorans de Bougainville, dont il partage le même territoire. Ainsi, le Pérou s'est vu être le premier producteur de guano, avec, à la fin du XIXe siècle, une période très faste pour le pays.

Un petit nouveau fait son apparition : le frass. C'est un mélange d'excréments d'insectes, de restes de nourriture et de mues. Ce « fumier d'insectes », très riche, est semblable à de petits granulés secs. On élève pour cela le tenebrion meunier (*Tenebrio molitor*), mais d'autres insectes sont aussi utilisés dans ce but comme : les criquets ou les mouches soldats noires.

Café ou thé ?

Il est plutôt fait bon usage du tube digestif de la civette palmiste appelée luwak. Dans le Sud-Est Asiatique (principalement en Indonésie), le petit mammifère, à l'état sauvage, vit en partie dans les caféiers et mange, entre autres, des cerises de café. Il digère uniquement la pulpe et rejette les grains, en grappes, pour marquer son territoire. Lorsqu'ils sont excrétés, les grains ne sont pas tout à fait pareils : dans le tube digestif, ils subissent une sorte de fermentation grâce à des enzymes spécifiques. C'est là que réside le secret du « topi lawak » (littéralement, en indonésien : café de lawak), l'un des cafés les plus luxueux. À l'origine, les crottes, sont simplement ramassées, mais rapidement des élevages à l'éthique discutable ont fleuri.

Dans les cafés dits prédigérés, on retrouve, au Brésil, le « jacu bird », qui semble être le plus cher du monde. Le jacu (*Penelope obscura*) est un gallinacé proche du faisan. Il est très exigeant et consomme seulement les meilleures cerises de caféier, et de surcroît, des variétés très précises. Ce qui confère à la boisson rare et précieuse une constance inégalée, avec un arôme à la fois doux et puissant.

Le phasme *Eurycnema versirubra* se nourrit de feuilles de Myrtacées. En Thaïlande, on verse de l'eau bouillante sur les excréments de l'insecte pour obtenir un thé parfumé, qui, paraît-il, est excellent. Ce thé fut servi durant un congrès entomologique à Bangkok où il fut très apprécié.

Les litianes du ver à soie (*Bombyx mori*) sont utilisées en infusion. Leur intérêt nutritionnel a été montré comme une source d'acides gras. Elles sont aussi utilisées depuis longtemps comme colorant naturel dans l'industrie alimentaire et pharmaceutique. Elles sont réputées pour leurs propriétés curatives en médecine traditionnelle orientale.

Carrément du luxe

Le daman des rochers ou daman du Cap est originaire d'Afrique du Sud, mais est répandu dans presque toute l'Afrique et une partie du Moyen-Orient. Il vit dans des grottes, il est de la taille d'un lièvre, évoque une grosse marmotte et possède deux petites défenses caractéristiques. Il est à l'origine de l'hyraceum, une essence utilisée en parfumerie. La substance est élaborée à partir des excréments de cet animal, qui sont entraînés par l'eau de pluie dans un sol très poreux et sont ensuite décomposés avec son urine riche en phéromones. Une fois mélangés à la terre et aux racines, ses excréments se fossilisent dans les grottes des Damans. Le liquide se pétrifie au cours d'un très long processus qui dure parfois des centaines d'années, jusqu'à ce que les roches en soient totalement imprégnées. La récolte de l'essence d'hyraceum existe depuis l'Antiquité. Les Égyptiens l'utilisaient dans des techniques de momification, d'où son autre appellation, la Pierre de Dieu ou la Pierre d'Afrique. La collecte est rudimentaire et laborieuse : grimper dans des cavernes, fractionner la roche à l'aide de burins et de marteaux, ramasser les fragments et enfin les transporter à dos d'homme. Ils sont ensuite broyés afin d'obtenir un liquide huileux. Outre son utilisation dans la parfumerie, l'hyraceum possède aussi des vertus curatives auprès de certaines peuplades d'Afrique (comme désinfectant, contre les hémorragies, les migraines, l'anxiété, certains problèmes cutanés, et même l'épilepsie).

L'ambre gris est une substance grise et cireuse parfois sécrétée par les cachalots. Elle n'a donc aucune relation avec l'ambre jaune, résine fossile des conifères dans laquelle on découvre souvent des organismes anciens. Cette concrétion se forme dans l'estomac et dans l'intestin grêle de ces cétacés, afin de protéger leur système digestif. Les cachalots géants se nourrissent principalement de calamars tout aussi géants. Le bec de ces céphalopodes, indigérable, est habituellement régurgité. Si ce n'est pas le cas, de l'acide gastrique et des enzymes, oxydent et polymérisent la kératine du bec, formant ainsi l'ambre gris. Cette substance est ensuite excrétée lors de la défécation ou du vomissement. Au départ, cette substance est molle et malodorante. Puis, au fil du temps, dans l'eau de mer, elle devient solide et grisâtre, semblable à une pierre ponce, très grasse au toucher et d'odeur plutôt agréable. Utilisé en parfumerie, l'or gris est très rare et très cher (50 000 € le kilo environ). Certains chanceux en trouvent parfois flottant sur l'eau ou échoué sur les plages. Avec l'hyraceum, il est le seul produit animal naturel autorisé pour des produits cosmétiques, car il ne nuit pas à l'animal, qui n'est plus chassé aujourd'hui. En revanche, autrefois, il était extrait des cachalots tués, mais seulement 5 % des individus en avaient dans leur intestin. L'animal a été énormément chassé pour sa graisse et pour son spermacéti, substance présente dans son énorme tête (près d'un tiers de sa taille). Le cétacé s'en sert comme d'un ballast, afin de plonger avec moins d'efforts pendant près d'une heure trente et jusqu'à 2500 m. À 37 °C, température corporelle de l'animal en surface, le spermacéti est liquide. À mesure que le cachalot s'enfonce dans les profondeurs pour chasser, il fait circuler de l'eau froide dans sa cloison nasale, afin de refroidir la substance, qui se solidifie et augmente de densité, aidant l'animal à plonger. À l'inverse, lors des remontées, un afflux de sang la réchauffe. Elle se liquéfie et perd de sa densité. Pour éviter tout malentendu, précisons que c'est une apocope de spermacéti qui a donné le nom anglais du cachalot, *sperm whale.*

Dans la lignée des produits de luxe, il y a la célèbre huile d'argan. Même si aujourd'hui le dépulpage des fruits de l'arganier est majoritairement mécanisé, il existe encore d'anciennes méthodes traditionnelles au Maroc qui consistent à ramasser les noyaux dans les crottes des chèvres, dont le système digestif a débarrassé la pulpe du fruit. Il faut dire que la capacité de l'animal à grimper dans les arganiers très piquants est drôlement pratique.

Un ingrédient insolite

Est-ce que la merdoie a déjà été utilisée comme colorant pour peinture ? En tout cas, l'analyse de certaines peintures rupestres révèle la présence de fiente d'oiseau.

La fiente de pigeon était autrefois utilisée de façon épisodique par les boulangers pour faciliter la fermentation de la pâte à pain.

On élabore un masque de visage, le « masque de geisha » à partir de fiente de rossignol. Il était utilisé traditionnellement par les courtisanes japonaises et devient à la mode aux États-Unis. Les fientes sont, rassurez-vous, stérilisées aux rayons ultraviolets puis diluées avec de l'eau, du son et du riz.

Des crottes d'élan, animal quasi sacré en Alaska, sont utilisées pour confectionner du baume à lèvre.

Au Congo, des esthéticiennes artisanales proposent une crème de beauté composée de bave et d'excréments d'escargot.

Au XIXe siècle, les ramasseurs de crottes de chien amenaient leurs récoltes aux tanneries artisanales. Les déjections d'animaux carnivores contiennent un acide rongeant la graisse adhérant aux peaux. Celles-ci devenaient plus souples après avoir macéré dans un bain spécial. Les pancréas d'animaux domestiques ont eu aussi la même fonction. On broyait puis filtrait l'organe pour en tirer les enzymes nécessaires. On utilisait, également de la fiente de pigeon.

Les fientes de pigeon sont un excellent ingrédient pour les appâts de pêche. Les gardons paraissent être particulièrement sensibles à leur présence dans une amorce.

Le guano, riche en phosphore, était fréquemment utilisé dans la poudre à canon durant la guerre de Sécession. L'officier nordiste Vince Bernart a gagné sa petite renommée grâce à cette technique.

Des petits malins ont eu l'idée géniale d'utiliser les excréments de panda pour confectionner des mouchoirs et du papier toilette.

Tout aussi saugrenu, les cigarettes mexicaines « *Guenuine horses shit cigarettes* », étaient dans les années soixante, fabriquées avec du crottin de cheval.

Cela reste bien sûr anecdotique et n'est pas près de régler notre plus gros problème actuel qu'est l'énergie, mais on peut citer quelques exemples et prototypes de centrale électrique au méthane qui font leur apparition par-ci par-là, à base de bouse de vache ou même de fiente. Le zoo de Beauval, par exemple, possède une petite usine de méthanisation. Il a réduit sa facture énergétique de 20 %. Tous les animaux sont appelés à collaborer à l'aide de leurs déjections ; on compte plus de 6 000 tonnes de déchets organiques de plus grâce aux agriculteurs des alentours.

Dans le zoo étasunien de Denver, les employés ont modifié un triporteur dans l'objectif de le faire rouler au méthane : le « *poo powered tuk tuk* ». La petite bande n'en est pas à son coup d'essai : ils avaient auparavant conçu un blender pour faire les margaritas lors des réunions plénières.

Un autre zoo, celui Oakland en Californie, commercialise des bijoux et des statuettes avec les crottes séchées de ses pensionnaires.

C'est pas top

En revanche, il ne faut pas oublier les problèmes sanitaires engendrés par les excréments, surtout dans les pays en voie de développement, notamment les parasitoses intestinales. Même les déjections les plus insignifiantes peuvent être à la source de maladies sérieuses ou graves. Celles des blattes, peuvent véhiculer une bactérie dangereuse, *H. pylori*.

Il faut aussi parler du cas du triatome, vecteur de la maladie de Chagas, maladie infectieuse potentiellement mortelle. Le triatome est une punaise hématophage, qui peut infliger de très douloureuses piqûres. Toutefois, ce ne sont pas les piqûres qui transmettent la maladie. L'affection est présente en Amérique latine, transmise principalement lors de contacts avec les excréments de triatomes porteurs. Ces insectes, plutôt nocturnes, vivent habituellement proches des habitations rurales. Ils sont attirés par le sang des animaux domestiques dont ils se nourrissent. Ils piquent la peau et défèquent ensuite juste à côté. Lorsqu'une personne est piquée, instinctivement, elle se gratte. Les œufs, qui sont dans les crottes, pénètrent dans l'organisme, par la lésion cutanée créée par la piqûre, par une blessure ou par les muqueuses, comme les yeux ou la bouche. La transmission se fait également d'homme à homme par voie sanguine, ou par les moustiques.

Beaucoup de maladies infectieuses, et la liste est longue, sont transmises par les crottes de mouches ou de poux. Les agents infectieux pénètrent dans l'organisme via la peau irritée par le grattage.

Soigner

D'ailleurs, la médecine a retourné à son avantage cette présence des agents infectieux dans les crottes des poux. Les premiers vaccins contre le typhus étaient élaborés à partir d'intestins de poux broyés, complétés de leurs excréments.

Autrefois, en Chine, les dentistes soignaient les caries avec du guano de chauve-souris.

En médecine traditionnelle chinoise, les crottes d'écureuil soignaient les angines de poitrine. Tout n'est pas forcément bon à prendre dans la médecine orientale.

Dans l'Antiquité, les Égyptiens diluaient leurs fèces dans de l'eau pour soigner leurs maux de gorge. Ils consommaient également du guano de chauves-souris qui était très riche en vitamines, notamment la vitamine A. Les comprimés sont plutôt une bonne chose.

Dans l'Antiquité également, Galien, le médecin grec, préconisait pour soigner une angine « de se procurer les excréments d'un jeune homme de bon tempérament et de les mêler à du miel et de l'eau, afin d'en confectionner un délicieux sirop ». On appréciera les énormes progrès de la médecine.

D'autres Grecs luttaient contre l'alopécie à l'aide de fiente d'oiseaux. Cela devait être efficace, car la calvitie est rarement présente sur les statues grecques.

À la Renaissance, les excréments de porc étaient appliqués sur les plaies.

En Afrique, des peuples nomades ont une coutume qui consiste à tremper les enfants dans de l'urine de dromadaire pour faire tomber la fièvre.

Et la science ?

Voici un intérêt, plus scientifique des excréments animaliers : la coprométrie. Cela consiste à recueillir les crottes des insectes étudiés, à mesurer les dimensions, les poids, les quantités et autres caractéristiques. Les crottes sont ensuite, auscultées et analysées, par les entomologistes, leur fournissant des indices précieux sur l'évolution des effectifs, ou l'état sanitaire de populations difficiles à évaluer autrement. Les copromètres, sont des toiles tendues horizontalement, munies d'un réservoir en leur centre, et sont installées sous la frondaison des arbres.

Les excréments d'animaux que l'on cherche à étudier sont très utiles. On obtient ainsi, beaucoup d'informations sur l'état de santé ou sur le régime alimentaire. Une technique consiste à disposer à des endroits stratégiques des appâts truffés de petits marqueurs colorés. Ces indicateurs que l'on retrouve dans leurs crottes, permettent de suivre les déplacements d'individus ou de population, de les dénombrer et éventuellement d'en déduire des origines géographiques.

On peut également rechercher des hormones de stress dans les déjections d'animaux dont on étudie les comportements. Chez les chimpanzés, où les conflits sociaux sont légion, ces études permettent de mieux comprendre les comportements de groupes sociaux. Chez les babouins également. D'autant que les dissensions, chez ces primates, ne passent pas inaperçues. Les mâles dominés s'enfuient en hurlant et en déféquant.

Les hormones de stress des proies chassées et dévorées peuvent même se retrouver dans les déjections du prédateur. On pense que ces hormones peuvent être détectées par les autres individus et contribuer à les prévenir du danger.

L'ADN récupéré dans des excréments de rhinocéros (indiens ou africains), permet de mieux lutter contre le braconnage. Il est plus aisé de prélever de l'ADN dans les déjections, que sur l'animal, qu'il serait nécessaire d'endormir. Chaque échantillon, enrichit une base de données internationale nommée Rhodis (acronyme anglais signifiant en français « système de données d'index du rhinocéros »). Celle-ci, est utilisée pour faire le lien, entre les cornes saisies par les autorités et l'animal d'origine. Car bien souvent, les braconniers et les trafiquants de cornes échappent à la justice, par manque de preuve. Cet outil s'inscrit dans l'augmentation des moyens de lutte contre le braconnage, ajouté aux renforcements des sanctions pénales. D'ailleurs, tous ces efforts ne sont pas vains, car on constate une diminution des animaux tués. La corne est recherchée pour sa valeur ornementale ou utilisée en médecine traditionnelle en Chine et au Vietnam. Le prix du kilo de corne de rhinocéros peut atteindre 100 000 € sur le marché noir, ce qui explique l'acharnement des réseaux illégaux. On utilise les mêmes méthodes avec le braconnage des éléphants pour leur ivoire.

Encore un moyen de prévention et de protection grâce aux déjections d'un animal. Le manchot empereur est plus grégaire que les autres espèces de manchots, et face à cet environnement hostile, il vaut mieux se serrer les coudes (littéralement). Ils forment des groupes très denses : jusqu'à dix individus par mètre carré. Ces groupes, d'ailleurs ont un nom : la « tortue » (comme la fameuse tactique guerrière romaine). Au milieu du rassemblement, il peut faire jusqu'à 30 °C. Ces groupements, de plusieurs milliers d'individus, laissent des traces de fiente, contrastant avec le blanc de la banquise. Ces marques sont immenses, à l'image des colonies, au point d'être visibles par satellite, ce qui permet de comptabiliser et de suivre les populations pour mieux les protéger.

8 Ça peut se manger

Les passionnés d'équidés, ont peut-être déjà vu, des poulains avaler le crottin de ses congénères. C'est de la coprophagie, plus précisément de l'auto-coprophagie (fait d'ingurgiter ses propres excréments ou ceux de ses pairs). Cette pratique très ponctuelle est limitée aux poulains nouveau-nés. Pour eux, manger le crottin des adultes en bonne santé permet de constituer leur flore intestinale encore vierge. Afin, d'acquérir la capacité de digérer, par la suite, les végétaux qui composeront leur régime alimentaire. Sans les bactéries acquises, ils ne pourraient pas tirer les nutriments essentiels de leur fourrage.

D'animaux voient leurs nouveau-nés pratiquer la scatophagie : l'hippopotame, l'éléphant, le kangourou, l'iguane vert et quelques primates.

Le koala aussi tire profit de l'auto-coprophagie. Mais, en plus de constituer la flore intestinale du petit, c'est un mode d'alimentation à part entière. Ce marsupial endémique d'Australie possède, comme tous les marsupiaux, une poche ventrale où le petit se nourrit du lait maternel. Dès qu'il peut en sortir, il mange les matières fécales de sa mère, sorte de bouillie verdâtre, composée de feuilles partiellement digérées. Le système digestif du koala dégrade seulement 25 % des feuilles d'eucalyptus dont il se nourrit. En plus d'être coriaces et très pauvres en nutriments, les feuilles d'eucalyptus sont toxiques. Mortel pour la plupart des animaux, ce poison ne l'est pas pour le koala, qui possède un microbiote intestinal adapté pour le dégrader. Le koala mesure 70 cm environ. Son cerveau est le plus petit de tous les mammifères par rapport à son poids : il est de la taille d'une demi-noix, le reste de la boîte crânienne est rempli de liquide. Il est arboricole et se trouve très vulnérable lorsqu'il est au sol, notamment à cause des dingos. Il est bien équipé pour grimper dans les arbres : il possède cinq doigts, deux opposables sur ses pattes antérieures, et trois munis de griffes puissantes sur les pattes postérieures. Ses doigts sont pourvus d'empreintes digitales similaires aux nôtres, plus encore que celles d'autres primates, au point qu'il est presque impossible de faire la différence avec les empreintes humaines. Le koala peut dormir presque 20 heures par jour, le reste du temps, il se nourrit. Il dispose de poches dans ses joues qui lui permettent de stocker de la nourriture pour la mâcher un peu plus tard. Il ne boit jamais. Koala veut d'ailleurs dire « ne boit pas » dans la langue des aborigènes, ce qui a engendré des légendes locales. Le nom scientifique est tout aussi évocateur : *Vascularkus synerius*, signifie « ours de poche gris ». Mais attention, il ne faut pas trop se fier à l'allure nonchalante et pataude de cette peluche sentant le bonbon contre la toux, car le koala peut se montrer très agressif à la saison des amours. Il rugit et meugle pour défendre ardemment son territoire, délimité par son urine et ses sécrétions anales.

On peut également trouver l'auto-coprophagie entre adultes de la même espèce : un individu en mauvaise santé qui cherche à recréer sa flore intestinale (c'est le cas du cheval).

Le chimpanzé est omnivore et afin d'accéder aux bienfaits nutritifs (minéraux, fibres ou vitamines) de certaines plantes très coriaces, il n'a pas d'autres choix que de manger ses excréments. Mais ce n'est pas tout : d'autres plantes voient leurs vertus thérapeutiques s'exprimer uniquement après leur passage par le tube digestif de ces derniers. Ramollies et partiellement digérées, elles sont donc prêtes à être consommées. Drôlement ingénieuse cette élaboration de « préparations médicinales ». C'est vrai que l'on connaissait déjà la prédisposition à l'automédication chez le singe. On avait d'ailleurs, grâce à cela, identifié des substances aux vertus antipaludiques jusqu'alors inconnues, contenues dans les feuilles d'un petit arbuste en Ouganda. Le chimpanzé partageant 98 % de nos gènes, les pratiques médicinales de nos cousins sont une piste de recherche médicale à ne pas négliger.

Comme le chimpanzé, les gorilles et d'autres animaux optimisent la digestion d'aliments grâce à l'auto-coprophagie. Ils ont un système digestif parfois mal adapté à certains aliments, de sorte que leurs excréments contiennent encore des restes semi-digérés. En mangeant leurs déjections, ils évitent la perte de nutriments. On retrouve ce comportement, chez certaines espèces de poissons chirurgiens. Principalement herbivores, ils évoluent dans un écosystème, pauvres en nutriments d'origine végétale, les récifs coralliens. L'auto-coprophagie permet de récupérer également la flore intestinale excrétée.

Lorsqu'il y a déséquilibre ou perte partielle de la flore intestinale, des conséquences importantes sur la santé apparaissent. Dans les cas les plus extrêmes, lorsque toutes les autres thérapies ont échoué, il existe un traitement radical : la transplantation de microbiote fécal (TMF) ou fécalothérapie. La procédure implique de faire ingérer au malade, un échantillon vivant de la flore bactérienne provenant du lavage de l'intestin d'un donneur sain, ce qui rééquilibre sa flore intestinale.

Cette transplantation a été testée sur le koala. Nous l'avons vu, sa flore intestinale est adaptée à la digestion de feuille d'eucalyptus. Sur les 600 espèces d'eucalyptus, le marsupial n'en affectionne que quelques dizaines. À cause de la déforestation de son habitat, il a subi une diminution de sa source de nourriture. Les individus les plus exclusifs dans leur alimentation, se trouvaient donc en danger d'extinction dans des régions entières d'Australie. Des chercheurs ont donc eu l'idée de réaliser des transfusions fécales avec des koalas habitués à manger davantage d'espèces d'eucalyptus, afin d'introduire dans leurs intestins des nouveaux microbes, leur permettant d'élargir leur régime alimentaire, et ce faisant, les sauvegarder.

On retrouve le processus inverse chez le panda. C'est sa flore intestinale qui se modifie en fonction de la nourriture disponible. Le microbiote intestinal de l'animal est extrêmement efficace. Son aliment de prédilection, le bambou est très peu nutritif. Son système digestif le dégrade et le décompose jusqu'à en extraire la moindre calorie. Mais en plus, le plantigrade voit sa flore intestinale varier au fil des saisons. C'est pour cette raison qu'il reste bien dodu toute l'année et garde sa bonhomie légendaire, qui l'a d'ailleurs sauvé d'une extinction certaine. Cette plasticité intestinale lui permet de se synchroniser avec son environnement alimentaire : au printemps, le millésime « saison des pousses » ne demande pas les mêmes enzymes que les tiges sèches de l'hiver. On retrouve d'ailleurs ce rythme saisonnier chez d'autres ursidés, sous forme d'hivernation (l'hibernation est un stade léthargique plus profond, que n'adoptent pas les ours). Son adaptation à son alimentation est tellement poussée, que le chemin tortueux de l'évolution l'a pourvu d'une excroissance osseuse à la base du poignet, opposable aux cinq doigts, bien utile pour tenir fermement les tiges de bambou qu'il déchiquette avec sa mâchoire.

Les pandas ne sont pas les seuls animaux à connaître la modification de la composition de leur microbiote intestinal en fonction des fluctuations saisonnières de leur régime alimentaire. Certains singes possèdent aussi cette singularité, lorsqu'ils ont à disposition des feuilles et des fruits frais en été, et qu'ils sont réduits à grignoter des écorces l'hiver.

Chez les humains également, on a pu observer de tels changements sur des tribus nomades d'Afrique de l'Est qui constituent l'un des plus anciens peuples de chasseurs-cueilleurs au monde.

Il est à noter que l'homme peut, à ses fins, profiter de l'auto-coprophagie de certains insectes nuisibles par la diffusion d'un produit toxique ou d'un poison systémique que l'on retrouve dans leurs excréments. Par exemple, pour lutter contre les criquets migrateurs. Ceux-ci se regroupent en essaims gigantesques de plusieurs millions d'individus qui déciment des récoltes entières. On les expose à des appâts empoisonnés, avec des pesticides systémiques. Les criquets ayant ingéré le poison meurent rapidement, mais avant cela, une partie de celui-ci se retrouve dans les excréments de l'insecte. Des résidus du pesticide demeurant sur les plantes sont susceptibles d'être consommés à leur tour, ce que l'on appelle un transfert horizontal.

Une autre auto-coprophagie très spécifique : la cæcotrophie. Elle se rencontre chez certaines espèces non-ruminantes dont le régime alimentaire est à base de cellulose : pour mieux digérer la nourriture, elles réabsorbent une partie de leurs déjections. Ce comportement est très répandu chez les rongeurs.

Un exemple avec le plus populaire de tous : le lapin. Dans son système digestif, la décomposition des aliments se passe après le passage dans l'intestin grêle, c'est-à-dire trop tard pour que certains nutriments puissent passer dans le sang. C'est ballot. Mais le rongeur a une parade : il ingère, à la sortie de son anus, ses crottes molles qui ne sont pas des déchets, mais des végétaux fermentés : les cæcotrophes. Lors de la deuxième ingestion, les nutriments, cette fois-ci digérés, sont assimilés, et seuls sont rejetés les vrais déchets métaboliques, sous forme de crottes rondes et dures. Les caecotrophes se caractérisent par leur contenu nutritionnel appréciable en protéines (20 à 30 % en matière sèche) et leur richesse en vitamines.

Les rats-taupes nus pratiquent également la cæcotrophie. Ce sont les seuls vertébrés eusociaux, avec ses cousins proches, le rat-taupe de Damara et le rat-taupe hottentot. Le stade eusocial est le mode de vie le plus élaboré dans le règne animal. C'est une organisation, dans laquelle les individus stériles, sont dévoués à une femelle reproductrice et dominante, une reine. Elle est fréquente chez les insectes sociaux, comme les termites, les abeilles ou les fourmis. Les rats-taupes déposent leurs vraies crottes, dans une chambre spéciale, nettoyée par des coléoptères coprophages qui vivent en symbiose dans leurs galeries. Les autres, les cæcotrophes, sont consommés par les jeunes sujets et la reine. Tout au long de son avènement, la reine harcèle et avilit les autres femelles. À sa mort, les femelles, libérées et délivrées, s'affrontent dans de violents combats pour la succession. En attendant, elles consomment les excréments de la reine, ce qui induirait chez elles la stérilité, ainsi que des comportements de maternité envers les petits de la colonie. Ce serait un mode de communication qui reposerait sur l'estradiol, hormone délivrée lors du post-partum de la matriarche. Que dire d'autre sur cet animal improbable ? Qu'il est quasiment aveugle, qu'il vit dans des terriers en Afrique de l'Est, qu'il est particulièrement laid et qu'il a une longévité exceptionnelle. Elle est de 25 ans en moyenne, avec un record de 32 ans, soit presque dix fois plus longue que celle du rat ou de la souris pourtant d'un gabarit équivalent. Au-delà de ce record qui intrigue les chercheurs, le rat-taupe glabre ne présente quasiment pas de signes de vieillissement jusqu'à sa mort (la chance). Le seul autre animal connu qui possède cette faculté est l'axolotl, un amphibien. Il est aussi incroyablement résistant aux maladies neurodégénératives, cardiovasculaires et aux cancers. Il dispose également d'une formidable capacité de régénération de ses neurones. Il peut aussi survivre à des hypoxies sévères (manque d'oxygène), voire à une absence totale d'oxygène (anoxie) pendant près de 20 minutes. Pour parachever sa cape d'invincibilité, sa peau est insensible à la douleur et résiste à un taux d'acidité élevé. Pour compenser, son sens du toucher est concentré dans quelques vibrisses (poils sensitifs) qui sont sur son museau et sur sa queue. Son mode de vie social est très poussé. Comme les insectes eusociaux, les rôles sont parfaitement répartis au sein de la population : deux ou trois mâles reproducteurs, les soldats, les ouvriers et les femelles nurses. La cohésion de ces colonies, pouvant regrouper jusqu'à 300 individus, s'effectue grâce à un formidable répertoire de sons et de cris. Les ouvriers utilisent même des outils. Ils renforcent la solidité de leur dentition en coinçant un bout de bois ou autre, derrière leurs incisives. Elles sont démesurées et portées par une mâchoire surpuissante (25 % de leur poids), qui leur permet de creuser d'immenses galeries dans les sols les plus durs, et même de percer des pierres qui s'opposent à leur volonté. Les rats-taupes sont particulièrement adaptés au mode de vie souterrain. Ils peuvent se déplacer en avant aussi vite qu'en arrière. Enfin, ils disposent d'une grande sagesse, dont on devrait d'ailleurs s'inspirer : ils préservent leurs ressources naturelles. Ils ne finissent pas complétement de manger les tubercules et les racines des plantes qu'ils consomment. Ils colmatent les portions entamées avec de la terre pour générer des repousses.

Les blattoptères, ordre regroupant les blattes et les termites, pratiquent ce que l'on appelle la trophallaxie proctodéale. La trophallaxie est un mot dérivant du grec ancien signifiant

« échange de nourriture ». Inutile de préciser ce que désigne proctodéale. Ce mode alimentaire est un transfert de nutriments partiellement digérés contenus dans l'intestin postérieur (proctodeum) d'un individu, qui passent par son anus, puis ingurgités par un autre spécimen de la même espèce. De tels échanges permettent également de renouveler la flore intestinale des insectes receveurs. L'autre forme de trophallaxie, la stomodéale, est abordée plus loin.

Les fourmis sont bien connues pour se nourrir de miellat. Ce ne sont pas les seules : des abeilles et des papillons en consomment également. Le miellat a beau être une substance sucrée, c'est tout de même une déjection. C'est précisément un surplus de sucre non absorbé par le système digestif des suceurs de sève, comme les pucerons ou les cochenilles, qui sort par l'anus. Certaines fourmis ont une relation mutualiste avec des pucerons. En échange de leur miellat, elles prodiguent soins et assistance à leurs protégés. Elles éloignent leurs prédateurs, notamment les larves de syrphe et de coccinelle. Elles peuvent aussi mettre à l'abri leurs œufs et leurs larves durant la mauvaise saison dans la fourmilière. Elles entretiennent également les colonies de pucerons afin de limiter la prolifération de champignons pathogènes. Il arrive qu'elles déplacent leur « troupeau » de tige en tige, quand la sève vient à manquer, et même leur procurer directement leur nourriture. Par exemple, les fourmis jaunes (*Lasius flavus*) creusent des galeries pour que les pucerons de racine puissent se nourrir de sève. La consommation de miellat n'est pas de la trophallaxie, mais de la trophobiose, c'est-à-dire une association symbiotique entre deux organismes dont l'un fournit la nourriture à l'autre. Mais attention, encore une fois, tout n'est pas si rose : les pucerons peuvent être aussi consommés par les fourmis si la colonie est trop importante, si certains individus ont des comportements hostiles ou nuisibles, ou si la ressource végétale vient à manquer pour nourrir la colonie. À noter que certaines espèces de fourmis ne se nourrissent que des pucerons.

Revenons à la coprophagie. Les déjections d'oisillons de nombreux oiseaux sont enfermées dans un sac fécal, une poche muqueuse, dès la sortie du système digestif. Les parents l'évacuent hors du nid. Dans certains cas, ils les mangent, ce qui a longtemps fait penser que ces sacs contenaient des nutriments. On a constaté que la tendance à les ingérer, était principalement liée à leurs petites dimensions, lorsque les oisillons sont jeunes, ce qui porte à croire que c'est plutôt par facilité, les petits sacs étant plus aisés à gober. Ce comportement pourrait éviter aux prédateurs de repérer le nid à cause de l'odeur des déjections ou peut-être pour l'hygiène.

Une autre raison de consommer les crottes de leurs petits : stimuler le réflexe de défécation et de miction. Les petits carnivores notamment, lèchent l'anus de leurs petits et consomment leurs crottes. Souvent, la chatte mange les excréments de ses chatons. Elle les lave jusqu'à ce que ces derniers puissent marcher et déféquer dans un endroit adéquat. Beaucoup de marsupiaux, y sont contraints afin d'assurer la propreté de la poche maternelle. Chez beaucoup d'herbivores, la pratique permet d'éliminer les traces de la présence des juvéniles, susceptibles d'attirer les prédateurs.

Dans certains cas, les chiens s'adonnent, au grand désespoir de leurs propriétaires, à la coprophagie. Le meilleur ami de l'homme l'est depuis plusieurs millénaires. Les études récentes montrent deux foyers distincts de domestications : en Europe, il y a près de 15 000 ans, puis en Asie, il y a environ 12 000 ans, néanmoins, le contact étroit entre l'homme et le chien/loup est bien plus ancien, car on trouve des traces de cette relation datant de plus de 30 000 ans. L'humain a vu dans ce fin limier un auxiliaire efficace pour la chasse et ensuite un gardien très utile de son habitat, de son bétail et de sa production agricole. Le loup est progressivement devenu chien, son corps et son comportement s'étant adaptés au fil du temps aux besoins de l'homme. Une relation étroite s'est tissée. Un exemple amusant d'évolution de l'animal : des muscles qui permettent de bouger les sourcils se sont développés, afin de mieux communiquer ses expressions et peut-être d'obtenir l'empathie des hommes. Le loup en revanche, en est dépourvu. Seulement 0,2 % de différence génétique sépare les deux sous-espèces. Si certains chiens se roulent dans les excréments, c'est probablement un héritage de leur passé d'animal social. Il s'agirait d'une volonté de modifier leur odeur. En revanche, la coprophagie serait plutôt un comportement lié à de la malnutrition, des pathologies ou plus fréquemment des désordres psychologiques. L'enfermement, l'anxiété, l'ennui, le stress, peuvent entraîner la coprophagie. Également, les punitions inappropriées lors de l'apprentissage de la propreté peuvent aussi conduire l'animal à ingérer ses excréments pour les dissimuler.

Contrairement aux auto-coprophages que nous venons de voir, les allo-coprophages se nourrissent d'excréments d'autres espèces animales. Il y a des animaux pour qui cela est une source d'alimentation exclusive. C'est le cas des bousiers.

Le bousier est l'animal de tous les records. Ce scarabéidé regroupe 9 500 espèces différentes. Il faut savoir que déjà, l'ordre des coléoptères auquel il appartient, représente un quart du nombre des espèces terrestres, soit environ 400 000 (ce ne sont que des estimations, on en découvre de nouvelles tous les jours dans le monde). Les coléoptères doivent leur nom du grec *koleos* qui signifie étui et *ptéron* signifiant aile. Ils possèdent des élytres qui protègent les ailes, situées juste dessous. Les bousiers sont des scatophages parfaits : ils pondent dans les excréments, s'en nourrissent, que ce soit à l'état larvaire ou adulte. On distingue trois catégories de bousiers.

Les piluliers ou rouleurs (ou télécoprides : littéralement déplacer les excréments). Ce sont les plus connus. Le mâle arbore fièrement avec ses pattes arrière une belle boulette d'excréments toute fraîche, pour séduire la belle. Il façonne leur petit nid d'amour à partir de fragments de bouse, qu'il roule jusqu'à des chambres d'élevage creusées dans le sol. Le plus célèbre est sans doute le bousier taureau, qui détient le titre de l'animal le plus fort en proportion de son poids : il peut tirer une charge 1 000 fois plus lourde que lui. Le fameux « scarabée sacré », en prend un sacré coup lorsque l'on sait que c'est un simple bousier. Mais bon, les anciens Égyptiens ne se sont pas arrêtés à cela, ils conféraient à l'insecte le pouvoir de déplacer le Soleil, représenté par sa boule, le faisant renaître chaque matin et l'emportant dans l'autre monde, la nuit, pour ne le ramener qu'au matin suivant. Le scarabée sacré était un animal important dans la mythologie égyptienne.

Les tunneliers (paracoprides ou géocoprides) creusent des galeries sous un tas d'excréments où ils apportent des morceaux de déjections pour en faire un substrat nutritionnel.

Les fouisseurs (ou endocoprides) font au plus simple, ils se contentent de batifoler dans la bouse fraîche, en se nourrissant sur place.

Une bouse d'éléphant peut abriter jusqu'à 4 000 bousiers. Cette bouse peut être d'ailleurs colonisée à une vitesse incroyable : grâce à leur vol rapide et leur odorat subtil, les premiers gloutons peuvent arriver en quelques secondes sur une bouse fraîchement produite. Ils doivent faire vite, dans un environnement chaud et sec, une bouse se voit rapidement couvrir d'une croûte infranchissable pour la plupart des insectes.

De manière générale, les bousiers se nourrissent en triant la matière fécale. Ils retiennent uniquement la biomasse du microbiote et les éléments cellulaires issus du tube digestif des grands animaux, carnivores ou herbivores, tout en rejetant les fibres non-digestibles à l'aide d'appendices buccaux. En réalité, les bousiers sont microphages.

Les bousiers peuvent se montrer très sélectifs, au point qu'en Australie, lors de l'arrivée des colons au XVIIIe siècle, les bousiers endémiques, habitués aux crottes des marsupiaux, dédaignaient la bouse des millions de vaches introduites par les pionniers. À tel point que l'équilibre de l'écosystème a été mis en danger. Alors, l'idée a été lancée, couronnée de succès, d'importer, avec les vaches, les coprophages de leur bouse.

L'*Epirinus flagellatus,* un bousier sud-africain, est dupé par une plante endémique, la *Ceratocaryum argenteum.* Les graines de cette herbacée ressemblent à des crottes d'antilopes : même taille, même couleur, même forme, avec une odeur âcre. Le scarabée roule les graines et les enterre, mais ne peut pas pondre à l'intérieur, la coque étant trop dure. Berné, l'insecte est contraint d'abandonner la graine qu'il a plantée.

La perruche à ailes d'or endémique d'Australie, a mis à profit la coprophagie de la chenille d'un petit papillon. L'oiseau nidifie uniquement dans les creux et dans les cavités des monticules de termitières. Dans le nid, les chenilles du lépidoptère se nourrissent des fientes, ainsi l'oiseau bénéficie d'un service de nettoyage efficace.

Si tous les bousiers sont coprophages, en revanche, notre fameuse mouche à merde ne l'est pas réellement. Son nom un peu moins trivial, scatophage du fumier, est donc trompeur. Elle est simplement coprophile, c'est-à-dire qu'elle se contente de vivre dans des déjections, mais seulement sous la forme larvaire. Les larves sont des prédatrices d'asticots d'autres insectes (des bousiers, par exemple). La forme adulte est aussi entomophage. Heureusement pour la réputation des diptères de la famille des scatophages, d'autres espèces le sont vraiment (mais uniquement les asticots). Ces mouches sont tellement adaptées, que leurs œufs sont dotés de petites protubérances, permettant de mieux s'accrocher dans les bouses.

Le ver du fumier possède également un nom trompeur. Il est détritivore et se nourrit de matière organique en décomposition. Quelques épluchures, et hop, il débarque. Ces vers sont très prolifiques et lorsque la nourriture abonde, ils deviennent nombreux et décomposent rapidement cette matière organique, en produisant du compost parfait avec leurs excréments. *Eisenia fetida* doit son nom commun au fait que l'on peut le trouver dans du fumier. Cependant, il ne se nourrit pas de la matière fécale, il se contente de manger tranquillement les matières végétales, comme la paille des litières des ruminants.

Il est à noter que les insectes coprophages jouent un rôle essentiel dans les mécanismes de métabolisation et de recyclage des excréments. Même ceux qui ne sont que coprophiles. En folâtrant dans la matière fécale, ils oxygènent et favorisent le développement des micro-organismes qui la dégradent.

Les bouses sont à la base de tout un écosystème. Toute cette minuscule faune attire à son tour des petits mammifères ou des oiseaux insectivores.

Les antibiotiques, vermifuges et autres traitements se retrouvent en abondance dans les déjections des animaux domestiques. Cela nuit grandement à cet écosystème, avec pour conséquence une moins bonne dégradation des crottins et autres bouses.

Beaucoup de détritivores enrichissent occasionnellement leur spectre alimentaire avec les matières fécales, comme les crevettes, les étoiles de mer ou les ophiures. Un poisson (deux espèces répertoriées) porte bien son nom : *Sactophagus argus*, bien connu des aquariophiles sous le nom de pavillon tacheté. Ce beau poisson vit naturellement dans les eaux saumâtres ou dans les ports des eaux indiennes, pacifiques et océaniennes. Il ne dédaigne pas quelques excréments quand l'occasion se présente.

Notre Némo, dont nous avons parlé, fournit par le biais de ses déjections un petit appoint alimentaire à son anémone bien-aimée.

Les mouettes et les goélands, principalement piscivores, sont de véritables goinfres. Ce qui peut les pousser à être d'efficaces détritivores. Des crottes de phoques ou d'autres animaux peuvent faire l'affaire.

L'apport en sels minéraux est souvent le complément alimentaire recherché par les coprophages occasionnels : des insectes comme des abeilles ou des papillons absorbent les parties liquides des excréments qui en contiennent. Des batraciens ou des chèvres s'adonnent également à cette coprophagie.

Les déjections des carnivores et des hématophages contiennent beaucoup de fer. Des animaux les consomment pour pallier certaines carences, comme la zonite d'Algérie, un escargot surnommé mange-merde, qui vit dans le bassin méditerranéen, ou la tortue ocellée.

Les larves de puce complètent leur régime détritiphage avec les déjections des adultes sanguinivores. De la crotte, les puces adultes en produisent énormément. Les goinfres sont capables d'absorber jusqu'à 15 fois leur poids en sang, et conséquemment, défèquent beaucoup.

Le percnoptère est un petit vautour présent dans le sud de l'Europe, le sud-ouest de l'Asie et en Afrique subsaharienne. Son système digestif peut digérer à peu près n'importe quoi. Il est charognard, détritivore, coprophage et peut même s'attaquer à de petites proies vivantes (gros insectes, amphibiens, reptiles). Comme les autres vautours, c'est un véritable nettoyeur de la nature.

La coprophagie peut être aussi le dernier recours contre la faim : chez les petits carnivores opportunistes notamment.

Les corvidés, pinsons et moineaux, entre autres, apprécient particulièrement le crottin de cheval. Mais, ce sont en fait les grains d'avoine, mal digérés, qui sont leurs cibles.

Le renard affectionne particulièrement les crottes d'agneau qui contiennent encore beaucoup de lipides et de protéines.

Sur la planète, un écosystème entier est dépendant des excréments. La neige marine est composée de détritus d'origine organique, principalement des excréments, mais également des résidus de décomposition d'algues, de plantes et d'animaux morts (plancton compris), ainsi que des particules inorganiques. Tous ces corpuscules s'agrègent grâce au biofilm bactérien. Ces agrégats grossissent avec le temps et peuvent atteindre plusieurs centimètres de diamètre, voyageant plusieurs semaines, voire plusieurs mois, avant d'atteindre les fonds océaniques. La neige marine constitue une source de nourriture primordiale pour de nombreux animaux de la colonne d'eau. Elle est fondamentale pour la vie des abysses. Au-delà de 300 m, aucun organisme photosynthétique ne peut survivre. Il n'y a donc aucun herbivore, seuls les détritivores et leurs prédateurs y évoluent.

Une petite anecdote pour terminer. C'est invraisemblable, mais la chasse à la bécasse perdure, contre toute logique. Le nec plus ultra consiste à déguster ses entrailles, non vidées, sur un toast ou de la baguette fraîche.

9 Propre ou pas ?

Chez beaucoup d'insectes sociaux, on peut constater l'utilisation de latrines. Par exemple, dans une fourmilière, il y a des zones bien spécifiques où faire ses besoins et toute la colonie respecte ces règles.

Certains vont même jusqu'à vidanger leurs toilettes : le grillon à queue courte, défèque dans des galeries spécifiques de son terrier, qu'il débarrasse de temps à autre.

Des vertébrés également défèquent loin de leur territoire ou de leur terrier, souvent pour ne pas attirer les prédateurs ou éviter d'éventuelles transmissions bactériennes. Beaucoup de mammifères sociaux, ne disséminent pas leurs déjections partout.

Le paresseux est un animal particulièrement propre, il dispose ses déchets de façon très méthodique. Il vit dans les forêts d'Amérique centrale et d'Amérique du Sud. Plus précisément, il existe six espèces de paresseux, réparties en deux genres distincts, très éloignés génétiquement (autant que le chat et le chien). Les deux clades ont évolué vers la même morphologie et le même mode de vie, preuve d'une parfaite adaptation au milieu arboricole. Encore un exemple de convergence évolutive. Les paresseux sont parmi les plus anciens mammifères. On n'aurait pourtant pas parié sur eux, tant ils paraissent fragiles. Le mécanisme évolutif les a assurément bien pourvus : la lenteur leur promet une discrétion parfaite. Ils sont incapables de réactions vives, les mettant à l'abri du risque d'être débusqués. Tout est lent chez le paresseux, même la digestion : une cinquantaine de jours de la bouche à l'anus. Un tube digestif particulièrement long, avec un estomac en plusieurs parties, lui confère un petit ventre de Bouddha, disproportionné. Sa morphologie est parfaitement adaptée à son mode de vie « inversé ». Entre autres, ses côtes particulières, « retiennent » son énorme estomac et ses poils poussent à l'envers, afin de drainer efficacement les intenses pluies tropicales. Il n'a pas de muscles extenseurs, qui seraient une dépense énergétique superflue (d'ailleurs, un paresseux au sol perd toute dignité). Son mode de vie peut se résumer ainsi : pas de dépenses d'énergie inutiles. Pourtant, il s'adonne à un curieux et laborieux manège, très énergivore et très risqué : tous les cinq à sept jours, l'animal descend, postérieur en bas, accroché au tronc de son arbre favori, creuse un petit trou dans le sol avec sa courte queue, y dépose ses excréments et les recouvre de feuilles. Mais alors pourquoi ? Il doit probablement en tirer un certain avantage. Une hypothèse suggère que c'est un moyen de communication entre eux, en marquant leur présence, dans un but reproductif. Une autre, plus élaborée, se base sur sa capacité de camouflage. Le paresseux est un modèle de discrétion, il est quasiment invisible : il a l'odeur, l'apparence et la vitesse d'un arbre. Son pelage, dru et épais, d'origine brun clair, prend une teinte verdâtre grâce à de minuscules algues qu'il abrite. Plus la fourrure en contient, plus la robe de l'arboricole tire sur le vert et sent la végétation, et meilleur est le camouflage. La théorie propose que la concentration de cette algue soit liée au cycle de vie d'un minuscule papillon du genre *Cryptoses*. La présence de ces insectes dans sa fourrure, augmente la concentration d'azote grâce à leurs matières fécales, qui fertilisent cette algue. Ce serait justement cette dangereuse manœuvre qui augmenterait les chances d'une bonne ponte des papillons, qui migrent immédiatement de la fourrure vers les attirantes crottes, contrairement à une défécation en hauteur qui disséminerait, les déjections sur le sol. De plus, on suppose que ces algues peuvent être utilisées comme complément alimentaire en léchant sa fourrure, car on en a retrouvé des traces dans le système digestif de plusieurs paresseux.

Le blaireau d'Europe a également la réputation d'être très propre. Lors de ses virées nocturnes, il dépose ses crottes dans des trous qu'il a pris soin de creuser. Ces petites excavations sont appelées des « pots ».

Contrairement aux blaireaux, les cochons n'ont pas la réputation d'être propres. C'est pourtant faux : ils sont en fait particulièrement précautionneux. Ils défèquent seulement dans un endroit précis, éloigné de leurs couches et de leurs mangeoires. Leur image d'animal souillon est uniquement due au fait qu'ils se roulent dans la boue pour protéger leur peau fragile des parasites et du soleil.

Un petit crabe terrestre, du nom de *Metopaulias depressus*, vivant en Jamaïque, confectionne ses petites toilettes privées. Son nid d'amour et son couffin sont une plante, une broméliacée, qui offre de petits réservoirs d'eau à ciel ouvert. Le faible volume et l'absence de renouvellement d'eau impliquent une hygiène parfaite pour accueillir les œufs et les larves du crabe. Pour ce faire, la femelle débarrasse systématiquement les débris qui y tombent (feuilles mortes et autres débris végétaux…) et prend soin de ne jamais y déféquer, préférant un endroit bien défini sur la plante.

Le renard a fait un autre choix pour assurer l'hygiène de son terrier : lorsque les crottes s'y accumulent un peu trop, celui-ci déménage.

Les manchots d'Adélie font beaucoup d'efforts pour assurer l'hygiène du lieu de nidification. Pour cela, ils ont une adaptation particulière. Ces oiseaux passent les trois-quarts de leur temps dans les eaux australes très froides, alors il est préférable d'être bien étanche. Une densité de plumes trois ou quatre fois plus importante que la moyenne des oiseaux (10 par cm^2) complète leur parfaite adaptation. Également, leurs courtes pattes, sont protégées par des plumes, ce qui leur confère ce dandinement caractéristique et comique. Il existe 17 espèces de manchots dans le monde, mais seulement huit ne résident que dans la zone subantarctique, dont deux uniquement sur le continent Antarctique (le manchot Empereur et le manchot d'Adélie). Les autres se répartissent sur les côtes sud de l'Amérique, de l'Afrique et de l'Australie. Ils vivent, donc dans l'hémisphère sud, hormis l'inéluctable exception : le petit manchot des Galápagos. Ils ne volent pas, contrairement aux pingouins, qui sont plus petits, qui volent et qui vivent en Arctique. La confusion entre les deux oiseaux vient du fait qu'au Groenland, il existait des grands pingouins, qui ressemblaient fortement aux manchots, et qui ont disparu (c'était un mets providentiel pour les navigateurs). Ils étaient à peu près de la même taille, avec des ailes atrophiées, inopérantes. C'est encore là un autre exemple de convergence évolutive, car les pingouins sont finalement plus proches des macareux. Les vrais manchots, découverts plus tard au sud, ont été identifiés comme des grands pingouins. La méprise est renforcée par le fait que manchot, en français, se dit *penguin* en anglais et que pingouin se dit *auk*. Les manchots d'Adélie élèvent en couple leur progéniture, avec beaucoup de soin. C'est le papa qui couve l'œuf unique, d'ailleurs le transfert de l'œuf fraîchement pondu, de la mère, au père est un exercice périlleux, le moindre contact de l'œuf avec la glace et c'est la mort assurée de l'embryon. Juste après la ponte, la femelle part pêcher pendant deux mois. Le père, resté seul, ne doit pas quitter le nid. Ainsi, pour ne pas le souiller, il a développé une technique très particulière pour faire caca. Il s'accroupit, soulève sa queue et propulse ses déjections le plus loin possible, à plus d'un mètre grâce à une pression importante des parois intestinales. Pour mesurer la performance, il faut mettre en perspective leur taille modeste, qui avoisine les 70 cm. De retour, la maman peut nourrir, par régurgitation le petit qui vient de naître et prendre le relais du papa, qui a perdu la moitié de son poids et a grandement besoin de s'alimenter. Ils alterneront ainsi la couvaison et l'alimentation, jusqu'au sevrage de l'oisillon. Mais attention, sous ces aspects de parents fidèles et tranquilles, les manchots d'Adélie peuvent se montrer peu recommandables. Ils sont capables de kidnapper les oisillons des autres, s'ils perdent le leur, et nombre d'individus vont voir ailleurs de temps à autre. Ce sont en effet de coquins obsédés sexuels, ils peuvent s'adonner au viol, à la pédophilie et même pratiquer la nécrophilie, afin d'assouvir leurs besoins.

La notion de monogamie est toute relative dans le jargon scientifique. Elle signifie qu'un couple reste ensemble, a minima, durant l'éducation des petits. Ce qui n'exclut pas les infidélités. 90 % des oiseaux sont ce que l'on appelle « socialement monogame ». Il y a des oiseaux pour qui c'est (presque) toute la vie, comme les inséparables, les pigeons ou les albatros. En revanche, dans le reste du règne animal, la pratique est plutôt rare. Seulement 5 % des mâles et des femelles mammifères élèvent ensemble leur progéniture. La plupart du temps, c'est à la femelle seule qu'incombe l'éducation. C'est encore plus rare dans le reste du règne animal, la majorité des espèces compensant l'absence de soins par une abondance de descendance, livrée à elle-même. C'est une question de stratégie. Dans le petit cercle des couples unis pour toute la vie, on peut citer le gibbon et le castor pour les mammifères, le sarran et l'hippocampe pour les poissons.

Les chauves-souris ne passeraient pas loin de se couvrir d'excréments lorsqu'elles sont à l'envers, si elles ne prenaient pas certaines précautions pour rester propres. Du moins celles qui pratiquent la position inversée. Cela a beau être le comportement majoritaire, elles ne le font pas toutes. Chez les chiroptères, de *chiro*, main et *ptère*, aile, c'est la peau qui se trouve entre les doigts qui leur assure la portance. Le pouce, qui n'est pas totalement inclus dans l'aile, est capable de se verrouiller de manière passive au point que certaines chauves-souris mortes peuvent rester suspendues. Elles bénéficient également d'un système sanguin qui permet d'éviter une accumulation de sang au niveau de la tête lorsqu'elles sont retournées. La tête en bas, on décolle avec moins d'efforts et beaucoup plus promptement, mais cela pose des problèmes de défécation. Heureusement, ce pouce leur permet des manœuvres et des contorsions afin de se retourner rapidement. Ajoutez à cela une capacité à excréter et à uriner vigoureusement, et vous avez là un animal qui ne se souille pas. La plupart ont fait un choix plus logique : elles font leurs besoins en plein vol. Une opération qui arrive justement très fréquemment, surtout pour les petites espèces, dont le besoin en énergie est immense. Le vol, très énergivore, et la déperdition calorifique par des ailes très vascularisées et non isolées (ni plumes, ni poils), les obligent à se nourrir beaucoup et souvent. Les petites espèces ont un transit très rapide : quelques minutes seulement peuvent s'écouler entre l'ingestion et la défécation. Certainement un avantage évolutif : elles n'ont pas à transporter des réserves de nourriture en vol sur de longues distances, ce serait trop coûteux en énergie.

Les perroquets chauves-souris doivent leur nom à leur position au repos. Quelques contorsions ainsi qu'une excrétion vigoureuse assurent aux loricules d'Australasie (leur autre nom) une hygiène irréprochable.

10 Ils ne font pas

Certaines espèces de bryozoaires ne font pas. Leur forme et leur mode de vie aquatique en colonie rappellent immédiatement les polypes, mais ce sont des bilatériens. Ils ont donc un système digestif complet. Parmi les 6 500 espèces, certaines ont un rectum fermé. Les déchets métaboliques s'accumulent et leur tube digestif gonfle. Il finit par se nécroser, mais se régénère régulièrement. Ce sont les Kim jong-il du règne animal. Kim jong-il, le défunt père de Kim jong-un (actuel Chef Suprême de la République Populaire Démocratique de Corée), ne faisait pas caca. En tout cas, selon les manuels scolaires d'État nord-coréens de l'époque.

D'autres animaux ne font pas sur une période de leur vie. C'est le cas du phoque à capuchon (le nom est beaucoup plus mignon que l'animal) qui vit dans l'Atlantique du Nord. Il doit son nom au bulbe qui se trouve entre les yeux et le museau, qui apparaît chez le mâle vers l'âge de quatre ans. De plus, la cloison nasale qui se trouve proche du museau, peut se gonfler à la façon d'un « ballon » rouge, que le mâle arbore pour épater les filles et les photographes amateurs. Le phoque à capuchon a également une autre particularité : il ne défèque pas au tout début de sa vie, jusqu'au moment d'être sevré, afin de ne perdre aucun nutriment du lait maternel, très riche. Et c'est efficace : le sevrage se produit au bout de quatre à cinq jours. Techniquement, la fourrure épaisse du jeune phoque recouvre l'anus jusqu'à le fermer.

Un petit aparté au sujet des phoques et des otaries, souvent confondus. Les otaries ont des petits pavillons externes à leurs oreilles, alors que les phoques ont juste un trou. L'otarie nage avec ses grandes pattes antérieures, elle est plus à l'aise sur terre, car elle peut diriger ses quatre pattes, soulever son torse et avancer par petits bonds. À contrario les phoques sont plus adaptés à la vie aquatique. Ils nagent en ondulant, les nageoires plaquées contre leur corps, mais leur déplacement sur le sol est plus laborieux, leur morphologie les contraint à ramper telles de grosses chenilles.

L'absence d'excrétion des jeunes sujets se retrouve chez les abeilles. Elles restent toute leur vie de larve dans la ruche, grossissent très vite et beaucoup (elles multiplient leur poids par 1 500), ce qui nécessite de manger énormément. On pourrait donc s'attendre à ce qu'elles produisent fréquemment de la matière fécale, mais il n'en est rien. Leur système digestif se métamorphose et c'est uniquement lorsqu'elles sont devenues des pupes, stade juste avant l'imago, qu'elles expulsent d'un seul coup tous leurs déchets. Heureusement pour la salubrité de la ruche, les ouvrières évacuent tout cela entre deux fournées de pontes.

Toujours chez les abeilles sociales, ce sont les adultes qui font une pause. Les ouvrières de certaines espèces d'abeilles vivant dans des climats tempérés ne sortent déféquer qu'à l'arrivée du printemps. Pour ne pas salir la ruche pendant l'hiver où elles se protègent du froid, elles accumulent dans leur intestin une masse de matières fécales pouvant atteindre 30 % du poids de l'individu. La « vidange » s'effectue lors des premiers vols, lorsque les températures deviennent plus clémentes. Il peut en résulter des « pluies jaunes » spectaculaires.

Chez certains papillons éphémères ou autres insectes, les adultes ne font pas du tout : leur durée de vie est tellement courte (quelques heures seulement à quelques jours) qu'ils ne se nourrissent pas, et donc ne défèquent pas. C'est seulement durant le stade larvaire que les chenilles produisent (beaucoup) d'excréments.

L'absence d'excrétion temporaire se retrouve chez les animaux qui hibernent : ne mangeant pas, ils ne font pas. L'ours brun va même un peu plus loin, avant l'hibernation, un bouchon rectal composé de méconium se forme, empêchant toute perte de nutriments.

Un autre animal qui ne défèque pas non plus sur une période de sa vie, c'est le scorpion, ce qui est dommageable pour lui, car il meurt constipé. En réalité, c'est le cas de certaines espèces seulement. En revanche, tous les scorpions sont fluorescents. Nous connaissons tous le lézard qui perd volontairement sa queue pour tromper son assaillant, afin de pouvoir s'échapper grâce à une étonnante diversion : l'autotomie. Pour les mêmes raisons, ces scorpions sont capables de s'automutiler, mais dame nature a été moins bienveillante avec eux : leur queue ne repousse pas, et, ironie du sort, au bout se trouve leur anus. Une fois coupée, la queue cicatrise et les excréments restent à l'intérieur du scorpion, ce qui l'amène à une mort certaine. Fort heureusement, la mort n'intervient qu'au bout de plusieurs mois. On pense immédiatement que c'est un lourd handicap pour l'arthropode, mais comme très souvent, si une telle particularité perdure, c'est qu'elle lui apporte un bénéfice. Il semblerait qu'une mort proche l'incite à se reproduire. Impossible de savoir à quel moment, dans ses 400 millions d'années d'évolution, est apparue cette singularité. Les scorpions font d'ailleurs partie des tout premiers animaux à être arrivés sur Terre.

L'anguille possède un mode de reproduction mystérieux. C'est un poisson migrateur qui passe une partie de sa vie dans les eaux douces (se dit dulcicole) des rivières, mais qui rejoint la pleine mer pour frayer. Pour se reproduire, elle parcourt des milliers de kilomètres dans les océans, Pacifique ou Atlantique suivant les espèces. On explique ce long périple par la dérive des continents. Les lieux de frai, encore inconnus, étaient auparavant proches des côtes. Les anguilles ont gardé cette habitude, et les continents s'éloignant, les distances sont devenues de plus en plus longues. Lors de cette épuisante et souvent mortelle migration, elles vivent sur les réserves de graisse accumulées. Elles ne s'alimentent plus, leur système digestif s'atrophie, leur anus se bouche, et elles ne défèquent plus.

Comme les crocodiliens, les lézards et les oiseaux, les serpents n'ont pas de vessie urinaire. Ils n'urinent pas et gardent en eux un maximum d'humidité, qu'ils recyclent. Ils rejettent un minimum de déchets, de l'acide urique concentré sous forme semi-solide par leur cloaque.

En revanche, les batraciens ont une vessie. Chez les espèces terrestres et arboricoles, la déshydratation est un problème majeur. Plusieurs d'entre elles ont adopté une vessie perméable. Elles récupèrent ainsi la totalité de l'eau contenue dans leur urine.

11 L'anus, c'est pas que pour ...

Certains coléoptères et cloportes, vivant dans des environnements très arides, ont développé une capacité singulière : ils « boivent » l'humidité ambiante par l'anus. Ils ouvrent leur anus, afin de faire pénétrer de l'air dans leur rectum. Les cellules de celui-ci arrivent à capter la moindre molécule d'eau présente dans l'air ambiant par osmose. Ces cellules présentent une forte concentration en sels minéraux, qui « absorbent » l'humidité de l'air.

Seraient-ce ces insectes qui ont inspiré le butt chunk, adopté par certains humains ? Le butt chunk est une pratique dangereuse qui consiste à boire de l'alcool par l'anus. À l'instar d'un suppositoire, l'alcool, au contact des muqueuses anales, se propage plus rapidement dans le sang, et donc jusqu'au cerveau. Ainsi, selon leurs adeptes, absorber de l'alcool via l'anus leur permet d'atteindre plus rapidement un état d'ébriété tout en évitant d'avoir une mauvaise haleine, des brûlures d'estomac et d'abîmer son foie. La méthode est discutable.

Cela peut paraître déroutant, mais pas autant l'EVA, acronyme anglais que l'on peut traduire par respiration entérique via l'anus. Des poissons, araignées, insectes et concombres de mer, la pratiquent. Des études montrent que chez certains mammifères et dans des conditions particulières, ce phénomène est possible aussi. Des expérimentations ont été réalisées sur des souris, des rats et des cochons sous hypoxie ou anoxie. Les chercheurs ont injecté de l'oxygène gazeux dans le rectum des animaux ou ont réalisé des lavements avec des solutions enrichies en oxygène.

Cette méthode particulière de respiration est très utilisée chez certaines tortues aquatiques. Comme les autres reptiles, les tortues sont très vulnérables face aux basses températures. Celles qui vivent dans les régions septentrionales, se réfugient en hiver sous les glaces des eaux qu'elles fréquentent. Les poumons deviennent inutilisables, et grâce à la diminution de leur métabolisme, l'oxygène contenu dans l'eau leur suffit. Les tortues font entrer le liquide dans la partie de leur corps la plus vascularisée, leur rectum. Les tortues aquatiques comblent de cette façon leur besoin en oxygène en respirant grâce à leur cloaque. La respiration cloacale est moins efficace, car l'eau contient près de deux cents fois moins d'oxygène qu'un volume d'air égal, mais cela suffit à combler les faibles besoins pendant l'hibernation.

Un exemple d'une tortue qui a recours à cette pratique, sans toutefois souffrir du froid : la tortue australienne de Mary River. Cela lui permet de passer plusieurs jours sous l'eau, presque sans bouger, afin de se cacher des prédateurs et de chasser efficacement. À tel point que des algues peuvent pousser sur son corps, affublant dans certains cas sa tête d'une crête vert vif, lui valant le surnom de « tortue punk ».

L'anus peut être une porte d'entrée accueillante : en tout cas celui du concombre de mer. On peut le décrire comme un tube de muscle mou avec une bouche entourée de tentacules à une extrémité et un anus de l'autre, variant de quelques millimètres à près de 3 m. On estime le nombre d'espèces à 1 800, on en trouve dans tous les océans du monde, jusqu'à 8 000 m de profondeur. Il est détritivore et agit comme un filtre. Il se nourrit de particules organiques comme le plancton, les débris animaux ou végétaux et éventuellement de la matière fécale en suspension dans l'eau ou dans le sol, qu'il fouille, à l'aide de ses tentacules rétractiles. Les plus gros spécimens peuvent filtrer jusqu'à deux tonnes de sédiments par jour, une caractéristique très utile pour l'écosystème marin. Comme les lys de mer, les holothuries n'ont pas de poumons. Pour respirer, elles pompent l'eau de mer par leur anus qui alimente un « arbre respiratoire ». Peu mobiles, ces échinodermes ont une caractéristique qui leur sert de moyen de défense. Ils peuvent contracter à volonté et indépendamment les muscles qu'ils possèdent tout le long de leur corps. Certaines espèces contractent les petits muscles sous leur épiderme, qui devient très dur, décourageant ainsi leurs prédateurs. D'autres arrivent même à « liquéfier » tout leur corps afin de s'introduire dans de petites anfractuosités afin de se mettre à l'abri. Ensuite, elles peuvent se raidir rapidement pour ne pas pouvoir en être extraites. Une autre pratique consiste à contracter juste certaines parties de leur musculature au point de pouvoir s'éviscérer : ils projettent à l'extérieur de leur corps, les intestins ou le système respiratoire, soit par la bouche, soit par l'anus, suivant les espèces, pour faire diversion. Cette technique est aussi utilisée afin d'offrir à manger au prédateur juste ce que le concombre de mer a bien voulu lui lancer à la gueule, et ainsi « limiter la casse ». Heureusement pour lui, comme tous les échinodermes, il possède une capacité de régénération incroyable. Dans certains cas, ces évaginations prennent la forme de longs filaments blancs très collants et toxiques appelés « tubes de cuvier » qui sont des organes spécifiques possédant la capacité d'immobiliser ou d'empoisonner l'assaillant. Cependant, la toxicité de l'animal ne fait pas peur à certains poissons : les carapidés. Ceux-ci colonisent leur colon (quelle idée). Leur petite taille et leur morphologie très allongée se prêtent à merveille au passage par l'anus du concombre. Le poisson arrive à s'oxygéner grâce au brassage de l'eau à l'intérieur du concombre, qui, rappelons-le, respire par l'anus. Mais attention, ce n'est pas parce que l'on vit dans un trou du cul que l'on doit forcément se comporter comme un souillon : le poisson peut tout à fait faire ses besoins à l'extérieur de son doux cocon, tout en gardant la plus grande partie de son corps protégée, grâce à son anus très près de la tête, juste derrière ses opercules. La nature est drôlement bien faite. On les surnomme très astucieusement poisson thermomètre ou poisson perle (car on en trouve aussi dans des huîtres) ou même aurin, suivant les espèces et les pays. Il peut même y avoir plusieurs poissons, qui cohabitent, ce qui peut donner lieu à des combats territoriaux, du cannibalisme ou des reproductions. Très commode, car les œufs sont protégés et incubés jusqu'à l'éclosion. De temps à autre, les concombres de mers expulsent les malotrus, en s'éviscérant. Certaines espèces de ces poissons vivent également dans l'intestin des étoiles de mer. Une autre particularité de certains carapidés : protégés des prédateurs à l'intérieur de leur concombre, ils émettent des sons ressemblant à des roulements de tambour produits par des muscles particuliers près de leurs yeux. Ces sons leur permettent de s'identifier ou d'avertir d'autres congénères de leur présence dans l'hôte. Car le concombre de mer est acoustiquement perméable. Toutes les holothuries ne sont pas concernées par cette relation particulière. Il y a même quelques espèces qui, vraisemblablement pour s'en prémunir, arborent des « dents anales », et évidemment, au nombre de cinq. Mis à part quelques cas où le poisson peut être amené à manger les organes génitaux du concombre de mer (ses gonades se régénèrent également), la plupart du temps, il ne fait que s'en servir d'abri, le jour, et chasse à l'extérieur, la nuit. Un exemple de commensalisme. La majorité des concombres de mer ne sont pas comestibles, voire toxiques. Toutefois, une cinquantaine d'espèces sont consommées, principalement en Asie (bouillies, séchées, marinées, en potage, en friture et même crues).

Rentrer dans un anus, pour cette fois-ci se nourrir, la myxine ne s'en prive pas. L'animal marin est semblable à une lamproie.

Nécrophage des fonds marins, il est dépourvu de mâchoire et n'est pas véritablement considéré comme un poisson. La myxine est pratiquement invincible : elle ne craint pas les morsures. Même les mâchoires de squale, réputées pour leur tranchant, ne parviennent pas à percer sa peau. Non pas que son épiderme soit dur, mais au contraire, il est incroyablement souple : il s'étire et entoure simplement les dents, sans être percé, et les organes internes, soumis à la pression de la morsure, se « déplacent » à l'intérieur du corps. Son totem d'immunité est complété par des glandes tout le long de son corps, et lorsqu'elle est attaquée, la partie mordue sécrète un mucus qui augmente considérablement de volume au contact de l'eau : de très fins filaments excrétés gonflent comme aucune autre matière. On pourrait même parler d'explosion : en quelques centièmes de seconde, ils enflent d'un facteur 10 000. Cette substance hautement visqueuse dégoûte tout prédateur qui tente de l'avaler, elle est même capable d'obstruer les voies respiratoires de gros poissons, requins compris. L'animal, rapidement recraché, continu sa vie comme si de rien n'était. Le charognard est plutôt grégaire, ainsi, à plusieurs, une grosse carcasse de baleine ne leur fait pas peur. La myxine est incapable de mordre la peau, aussi pour pouvoir se nourrir, elle pénètre à l'intérieur des cadavres par les voies naturelles, de préférence l'anus, ayant un petit faible pour les tissus tendres de l'appareil digestif, accessibles directement. Elle se faufile facilement, car comme la pieuvre, elle peut passer par de minuscules interstices, inférieurs au diamètre de son corps mou et malléable. Une fois que sa tête a franchi l'orifice, elle fait un nœud avec la partie de son corps qui est entrée, qu'elle fait coulisser, parvenant ainsi à se glisser complétement à l'intérieur du cadavre, afin de s'en nourrir.

Un animal qui rentre dans un anus ? Oui, mais pas de sa propre initiative… Il y est introduit volontairement lors des pratiques sexuelles de quelques humains. Ceux-là s'insèrent des animaux dans l'anus, avec une prédilection pour les poissons anguilliformes (c'est très commode, ils sont déjà lubrifiés). Parfois, le poisson remonte dans les intestins et y meurt, si bien qu'une chirurgie est nécessaire pour l'en extraire... On a même observé un cas où le poisson était resté vivant dans le gros intestin. Il s'agissait d'un dipneuste, un poisson capable de vivre en léthargie dans la boue et visiblement dans un humain, de longs mois, voire des années.

Le *Siphonops annulatus* est un apode, ces amphibiens dont nous avons déjà parlé (voir page 31). La femelle du vermiforme Sud-Américain produit à la sortie de son cloaque une sorte de lait nourricier, qui assure la survie de sa progéniture. L'animal n'en est pas à son coup d'essai en matière d'innovation évolutive, car il produit également un venin buccal, et ce, bien avant l'apparition des serpents, il y a une centaine de millions d'années (on estime l'émergence des apodes à 200 millions d'années). Les apodes produisent au niveau de leur tête un mucus qui les aide à mieux se faufiler dans la terre. Mais cette espèce possède en plus des glandes remplies de venin, situées dans la mâchoire. D'autres espèces (il y en a un peu plus de 200 en tout) s'adonnent à la dermatophagie maternelle. Les petits naissent avec une ou des dents particulières qui leur permettent de racler la peau maternelle, épaissie et enrichie de nutriments pour l'occasion. Les soins parentaux sont très rares chez les amphibiens. Cette pratique (comme le lait du *Siphonops annulatus*), permet de créer le microbiote de leur progéniture.

12 Ça sent pas forcément mauvais

Les odeurs d'excréments sont dues aux bactéries qui dégradent les nutriments qui fermentent et créent des composés volatiles nauséabonds. Les crottes des mammifères sentent généralement plus fort que celles d'autres animaux. Les carnivores ont également, des déjections plus malodorantes que les herbivores.

L'hoazin huppé vit dans le nord du bassin amazonien. Il possède un système digestif unique. Dans la première partie de son intestin a lieu une fermentation bactérienne qui réduit efficacement les fragments des matières végétales qu'il consomme. L'hoazin possède un jabot énorme (un tiers de son poids) qui lui permet de digérer la cellulose des feuilles à la manière du rumen des ruminants. La comparaison n'est pas exagérée, la digestion, qui dure entre deux et trois jours, dégage une odeur repoussante, proche de la bouse de vache. Au point que divers surnoms lui ont été attribués, comme « la vache volante », « l'oiseau-vache » ou même « l'oiseau-puant ». Les oisillons sont uniquement nourris par régurgitation, leur système digestif étant incapable de digérer des feuilles coriaces. Il est le seul représentant de son genre. Les jeunes possèdent des traces de leurs ancêtres dinosaures, des griffes ailières, qu'ils perdent à l'âge adulte.

Les odeurs d'excréments peuvent tout de même être utiles : elles servent à certaines blattes à retrouver leur nid douillet.

Des drosophiles également sont attirées par les senteurs des chiures déposées par leurs congénères sur un fruit mûr, par exemple. Les mouches s'y rassemblent pour des parades sexuelles ou des repas.

Les gaz issus du processus de digestion, les flatulences, sont principalement présentes chez les mammifères, mais à contrario, pas chez les oiseaux.

On soupçonne que les pets soient un moyen de communication chez beaucoup de primates (lémuriens, gorilles, chimpanzés, babouins…). Ils permettraient de marquer leur soumission ou, au contraire, un certain contentement. Certains humains auraient, paraît-il, ce comportement de satisfaction.

En matière de flatulences, les harengs sont des experts : ils les utilisent pour communiquer. Ces poissons, à l'ouïe très fine, produisent des cliquètements caractéristiques très aigus, perceptibles par leurs congénères. Leurs pets sont créés par une aspiration de l'air en surface, puis par une expulsion forte par leur cloaque. Très utile, notamment la nuit, pour les aider à se rassembler et à former ces immenses bancs que l'on trouve dans tous les océans du monde.

Deux espèces de serpents corail américains communiquent également en pétant. Lorsqu'ils se sentent en danger, ils aspirent de l'air avec leur cloaque et l'expulsent, violemment et bruyamment, tel un signal d'alarme.

Un autre poisson, le *Cyprinodon atrorus* en revanche, ne maîtrise pas du tout ses flatulences : s'il n'arrive pas à les évacuer, il se met à flotter et se trouve ainsi à la merci des oiseaux. Son petit nom, le « pupfish » est assez évocateur. Il est endémique des petites étendues d'eau dans le nord du Mexique, et c'est à cause de son alimentation, certaines algues fermentant considérablement, qu'il subit ces désagréments.

La flottabilité, au contraire, est parfaitement contrôlée par les lamantins. Ils appartiennent à la famille des siréniens, comme le dugong. Les vaches de mer vivent dans les Caraïbes et sont exclusivement herbivores. Outre le régime alimentaire végétarien, l'embonpoint et la placidité, les lamantins ont en commun avec les vaches une importante production de gaz intestinaux. Ces gaz ont une utilité : ils participent à la flottabilité de l'animal. Leurs intestins sont pourvus de plusieurs « poches », qu'ils peuvent, à volonté, remplir ou vider par l'anus.

L'atipa est un poisson-chat cuirassé d'une vingtaine de centimètres du bassin amazonien. Le mâle construit un nid de bulles en surface avec ses gaz intestinaux, ses rots et son mucus. Son mode reproducteur est aussi particulier. Une fois les œufs pondus dans le nid, le mâle dépose son sperme dans la bouche de la femelle, qui le recrache sur les œufs. Il arrive que la semence transite sans dommage par le tube digestif de la femelle qui la restitue par son anus.

La digestion des vaches produit du méthane, on le sait. Beaucoup. Principalement sous forme de rots, conséquence de la rumination. On estime à 150 kg de ce gaz produit par une vache en un an. C'est un gaz à effet de serre, 30 fois plus puissant que le CO^2. L'impact du méthane dans le réchauffement climatique est très controversé, mais les dernières estimations sont plutôt en faveur de chiffres faibles, 1 ou 2 %, malgré le nombre de ces bovidés : environ 1,5 milliard dans le monde. La biomasse des mammifères domestiques représente 60 % de la biomasse totale des mammifères sur Terre.

Les termites en produisent uniquement sous forme de flatulences. On estime la production de méthane de l'ensemble des termites sur Terre plus importante que celle de tous les ruminants réunis.

Mais les flatulences considérées comme les plus infectes et sans doute aussi les plus bruyantes, seraient, paraît-il, attribuées au lion de mer.

13 Ils régurgitent

Au lieu de sortir par la voie prédestinée, les aliments peuvent faire le chemin inverse. Tous les vertébrés ne vomissent pas. Certains n'ont pas un système digestif adapté pour la régurgitation, comme les amphibiens, beaucoup de rongeurs ou les ongulés pour ne citer qu'eux. Plusieurs raisons à cela : un œsophage trop long, un système neuronal entérique insuffisant, un cardia (muscle, entre l'œsophage et l'estomac) qui ne s'ouvre que dans un sens... En revanche, de manière générale, les poissons osseux, les oiseaux et beaucoup de mammifères ont cette faculté. Ici, ce qui nous intéresse, c'est lorsque c'est volontaire.

Une régurgitation très spécifique est pratiquée par des insectes sociaux : la trophallaxie stomodéale. Nous avons déjà parlé de la trophallaxie, qui est un partage de nourriture entre individus de la même espèce. Au lieu d'être par l'anus (proctodéale), c'est par régurgitation. Les insectes qui s'y adonnent, possèdent deux estomacs. L'un pour leurs propres besoins, et l'autre, appelé le jabot social, pour le stockage des réserves destinées à nourrir les individus appartenant à la même colonie. C'est en quelque sorte un bouche-à-bouche alimentaire. On retrouve cette pratique principalement chez les fourmis, les guêpes et les abeilles sociales, dont on connaît mieux le mode de vie. Contrairement à ce que l'on pense, l'écrasante majorité des guêpes (99 % des espèces) et des abeilles (85 %) est solitaire et ne pratique donc pas la trophallaxie.

Chez les abeilles eusociales (voir page 110), la régurgitation se fait de l'ouvrière vers la reine, vers d'autres ouvrières ou vers les larves. Les demandeuses sollicitent la nourriture en tapotant un code sur les antennes de l'abeille donneuse. Celle-ci peut refuser la demande, mais, si elle approuve, elle apporte une goutte de nectar sur le bord de ses mandibules et la quémandeuse n'aura plus qu'à l'aspirer grâce à sa langue dépliée. Cette pratique est essentielle aux abeilles ouvrières qui restent dans la ruche et qui n'ont pas la possibilité de se nourrir par elles-mêmes. Les mâles également, les faux-bourdons, bénéficient de la générosité des ouvrières. Les mâles sont dépourvus de dard et n'ont d'utilité que pour la reproduction. Très peu arrivent à s'accoupler, et une fois la période de reproduction terminée, n'ayant plus aucune utilité, ils sont exclus implacablement de la ruche, et voués à une mort certaine. La trophallaxie a une autre fonction : elle permet aux butineuses de faire passer le nectar récolté aux ouvrières chargées de fabriquer le miel. Ces dernières le mélangent à leur salive et le passent à leur tour à d'autres abeilles ouvrières, jusqu'à la fabrication finale du miel. Lors d'une trophallaxie, l'ouvrière ne donne pas uniquement du nectar ou du miel, elle échange avec ses bénéficiaires des messages très importants pour la gestion de l'ensemble de la colonie. L'abeille communique des informations chimiques qui influent le comportement d'autres individus de la colonie.

Certaines espèces du fameux poisson d'argent ou lépisme, abusent des fourmis pour profiter de la trophallaxie. Les squatteurs imitent les effluves de phéromones des ouvrières et peuvent ainsi pénétrer dans les fourmilières en toute discrétion. Encore du mimétisme offensif, mais non visuel. Ils ont ainsi un accès à la nourriture et à un abri. C'est ce que l'on appelle des kairomones. Comme les phéromones, ce sont des substances sémiochimiques, c'est-à-dire des composés chimiques émis par des êtres vivants qui induisent des modifications du comportement d'autres êtres vivants. À la différence des phéromones, qui agissent entre individus de la même espèce (souvent concernant des comportements sexuels), les kairomones ont une action sur des individus d'une autre espèce que celle qui les a produites. Très souvent en leur défaveur (mais pas que), généralement dans un but de prédation.

La régurgitation d'aliments se retrouve chez beaucoup d'oiseaux, notamment les espèces marines. Ils utilisent leur jabot, où est stocké de la nourriture partiellement digérée, pour alimenter leurs oisillons dont le système digestif n'est pas encore mature. À ne pas confondre avec la becquée, qui est simplement le transport de nourriture dans le bec, sans modification digestive. D'autres animaux pratiquent aussi l'alimentation des petits par régurgitation d'aliments, sans toutefois disposer d'un jabot. C'est le cas chez la plupart des canidés (loup, chacal, renard…) et quelques rongeurs.

Les pigeons, les flamands et les manchots, entre autres, produisent du « lait de pigeon » dans leur jabot. Cette substance, dont la fabrication est stimulée par l'hormone prolactine, est très riche en protéines (60 % du poids sec) et en lipides (40 %), mais est dénuée de glucides. Elle est aussi bien produite par les mâles que les femelles. Chez les pigeons, les parents le régurgitent pour nourrir les oisillons pendant environ 18 jours. Le lait des oiseaux et des mammifères remplit des fonctions semblables (nourrir les petits), mais est produit selon des mécanismes distincts. Personnellement, je préfère le lait de poule.

L'échange de nourriture par régurgitation chez les oiseaux peut également se faire entre adultes. Ainsi, chez les amazones à front blanc (famille des psittacidés, comprenant, entre autres, les perroquets, les perruches), le mâle régurgite de la nourriture directement dans le bec de sa future partenaire pour la séduire ou pour resserrer les liens conjugaux. Dommage pour les romantiques qui pensaient qu'ils se faisaient de gros bisous.

Chez les chauves-souris vampires ce partage est une nécessité pour survivre. Il n'y a que trois espèces de chauves-souris sanguinivores, toutes en Amérique du Sud. Elles s'alimentent en lapant le sang des morsures qu'elles ont infligées à des mammifères, souvent des bovins. Le sang ne contient aucune graisse et le métabolisme de ces hématophages élimine très rapidement l'eau contenue dans le sang. Plus de deux ou trois jours sans s'alimenter, et c'est la mort. Lors de leurs chasses nocturnes, elles essuient souvent des échecs, l'animal blessé se débattant ou s'enfuyant fréquemment. Si bien qu'une bonne partie d'entre elles reviennent bredouilles (broucouilles, pour les connaisseurs). Les chanceuses qui ont fait le plein de sang, jusqu'à deux fois leur poids, rentrent au bercail. Les infortunées lèchent les lèvres des individus repus, et ceux-ci régurgitent dans leur bouche une sorte de boudin prédigéré. Leur longévité exceptionnelle pour un animal de cette taille (30 ans), leur permet de mettre en place des sociétés très abouties, où les plus généreuses sont aussi les plus récompensées, sans népotisme (favoritisme par filiation). Petite précision croustillante, les chauves-souris vampires ont une prédilection pour la zone anale des mammifères : elle est facilement identifiable, faiblement poilue et fortement vascularisée.

Les mouettes, ces gloutonnes volantes, peuvent harceler d'autres oiseaux marins, afin de les contraindre à régurgiter leur repas ou la becquée destinée à leurs oisillons.

On a vu des dauphins en train de régurgiter, une petite partie de leur repas, pour attirer des mouettes et s'en faire un petit en-cas.

Certains serpents comme la vipère doivent hiberner l'estomac vide. La fonction de digestion s'arrête en dessous d'une température corporelle inférieure à une dizaine de degrés. Ces reptiles régurgitent donc le contenu de leur estomac pour que rien n'y stagne et n'y pourrisse.

Comme les excréments, la régurgitation peut avoir un rôle de protection. Le fulmar vomit sur ses ennemis pour les faire fuir. Ces oiseaux marins, proches des mouettes et des goélands, vivent dans les eaux froides et se divisent en deux espèces : le fulmar boréal et le fulmar antarctique. Ils passent la plupart de leur temps en vol, au-dessus des eaux pour pêcher, et nidifient sur des falaises abruptes. Ils ont acquis un mode de défense particulier : régurgiter sur leurs prédateurs une substance nauséabonde, produite à partir des poissons dont ils se nourrissent, qui sert normalement à gaver les petits. Les oisillons ou même les adultes la projettent avec une grande précision. Le liquide, de couleur orangée, est capable de coller les plumes de ses ennemis volants et de dissoudre la pellicule protectrice de leurs plumages, les rendant vulnérables face au froid, à l'eau, et à la pluie. Dans les cas extrêmes, le prédateur, dont le plumage est devenu perméable, car couvert de vomi, peut même se noyer. En norvégien, « fulmar » signifie mouette puante. Les Scandinaves sont pragmatiques.

Sous les tropiques, en Afrique, les oisillons de l'irrisor moqueur, font de même. De plus, les adultes peuvent ajouter au vomi des substances chimiques malodorantes issues de leur estomac, le tout évacué par des jets puissants.

L'urubu à tête rouge, vautour américain, a également adopté comme système de défense contre les prédateurs, la projection de vomi. La viande à moitié digérée qu'il régurgite sent tellement mauvais qu'elle dissuade les prédateurs. L'acidité de leurs sucs digestifs, peut même provoquer des brûlures.

N'oublions pas le célèbre lama ou son proche parent le guanaco. Il peut cracher jusqu'à trois mètres une régurgitation verdâtre, acide et nauséabonde, une sorte de vomi, qu'il projette ardemment sur l'imprudent qui se serait un peu trop rapproché, capitaine Haddock compris. Il a tout de même la courtoisie de prévenir avec deux sommations : la première consiste à rabattre ses oreilles en arrière et claquer sa langue afin de produire de la salive, qu'il va cracher au cas où il serait nécessaire d'en effectuer une seconde. En réalité, dans la plupart des cas, cette pratique est utilisée lors des conflits sociaux.

Les oisillons du rollier européen utilisent également le vomi. Ils s'aspergent du liquide tout aussi nauséabond pour se rendre moins appétissants. De plus, l'odeur alerte leurs parents de la présence d'un perturbateur.

Les corvidés, quelques oiseaux marins, les rapaces, notamment les chouettes et les hiboux, excrètent par leur bec des pelotes, qui sont des restes de repas non digérés, comme les poils, les os, les coquilles d'œufs, les arêtes, les carapaces (l'exosquelette) d'insectes coléoptères, etc.

Précisons que la différence entre les hiboux et les chouettes réside dans les deux petites houppettes (appelées aigrettes) qui ornent la tête des hiboux, mais pas celle des chouettes.

Le coucou gris, présent dans toute l'Eurasie tempérée, l'été et le sud de l'Afrique, l'hiver, se nourrit principalement de chenilles processionnaires. Fait très rare, car elles sont pourvues de poils urticants, dangereux, les rendant normalement incomestibles. De temps en temps, l'oiseau régurgite une pelote de poils, collés avec un peu de peau de son jabot, qui se régénère, à la manière d'une mue.

De 1347 à 1352, la peste bubonique ou peste noire, la plus grande épidémie que l'humanité ait connue, a éradiqué plus de 25 millions de personnes en Europe, soit environ 40 % de la population. Cela permet de relativiser. Tout le monde sait que la transmission s'est faite par les puces qui infestaient les rats noirs, (le rat gris, plus fréquent aujourd'hui, n'était pas encore arrivé en Europe, voir page 13). En revanche, ce que l'on sait moins, c'est qu'elle est la conséquence de la régurgitation de ces insectes. Lorsqu'une puce pique un rat pestiféré, elle absorbe avec le sang le bacille de la peste, qui se multiplie dans son tube digestif. Au point qu'un bouchon se forme. Lorsqu'elle pique un nouveau sujet, étant dans l'impossibilité de s'alimenter, elle régurgite ce mélange de sang et de bactéries, contaminant la nouvelle victime, homme ou rat.

Les mouches ne sont pas réputées pour leur propreté. En plus de coller des chiures un peu partout dans nos maisons, elles peuvent aussi nous causer d'autres désagréments, en contaminant nos aliments. Lorsqu'une mouche se pose sur nos repas, elle commence par régurgiter de la salive sur la nourriture en question, avant de la manger. Des agents potentiellement vecteurs de maladies infectieuses se retrouvent donc dans nos assiettes. Sa salive provient de son jabot, qui stocke la nourriture, avant de passer dans son tube digestif. Dans le jabot, il y a très peu d'enzymes digestives susceptibles de neutraliser les agents infectieux. Donc, celui-ci devient également un lieu de stockage de pathogènes. Si l'on ajoute à cela la propension de certaines mouches à se poser sur des excréments…

14 C'est pas passé loin de l'anus

Chez les oiseaux, le cloaque regroupe un peu tout. Comme cela ne suffisait pas, Dame nature leur a collé juste au-dessus une glande peu ragoûtante, histoire de centraliser tout ça. La glande uropygienne est présente sur la très grande majorité des oiseaux, elle est notamment très développée chez les oiseaux marins. Cette glande sécrète une substance huileuse, qui méticuleusement appliquée avec leur bec sur leurs plumes, lui fournit une protection contre les agressions extérieures, les parasites, et surtout assure l'imperméabilité de leur plumage. C'est bien pour cette raison, et non pas une autre, que l'on voit souvent les volatiles se fourrer le bec sous le croupion.

Chez les mammifères, beaucoup d'espèces possèdent également des glandes qui ont atterri pas très loin de l'anus. Les sécrétions des glandes périanales des mammifères, peuvent aussi être utilisées, comme chez les oiseaux, pour la protection et l'étanchéité (le castor par exemple). Mais c'est principalement un moyen de communication. Elles sont parfois mélangées avec des excréments ou de l'urine. Pour être efficaces, il faut bien évidemment qu'elles soient gorgées de phéromones et parfumées.

Le ratel, appelé également blaireau africain ou zorille, s'en sert pour autre chose. Le ratel est le seul mammifère connu (avec les rats-taupes), à posséder la faculté de pouvoir marcher et courir en arrière. Il est très éclectique dans son alimentation : insectes, lézards, serpents, oiseaux ou baies. Il peut également s'attaquer à des proies bien plus grosses que lui, comme un jeune gnou par exemple. Ce grâce à une mâchoire puissante, à des griffes démesurées de 4 cm (pour un corps de 75 cm), et le tout, allié à une peau très épaisse, qui le protège efficacement lors de ses attaques fulgurantes. Il est également armé pour pouvoir tenir tête à de gros prédateurs, comme les félins. Mais au-delà de son régime opportuniste, son mets favori est le miel, d'où son autre surnom : blaireau à miel. Son nom scientifique n'en est pas moins évocateur : *Mellivora capensis*. Pour accaparer son menu de prédilection, il est pourvu d'une arme redoutable : ses glandes anales produisent une sécrétion très odorante et très forte, qui éloigne et anesthésie les abeilles.

Les serpents fouisseurs (du genre des *Leptotyphlos*) se nourrissent de termites. Pour arriver à leurs fins, ils disposent de glandes cloacales, qui sécrètent également des kairomones, qui modifient le comportement des termites, en les empêchant de les attaquer.

Un animal dévoreur de larves de termites utilise des glandes anales pour anesthésier ses proies : la chrysope perlée. La femelle pond ses œufs sur une termitière, et lorsque la larve éclot, elle s'approche des larves de termites et produit par son postérieur un gaz puissant qui les paralyse. Elles sont pourtant 30 fois plus grosses qu'elle. La larve tueuse dévore ensuite de l'intérieur sa proie vivante.

Beaucoup d'autres insectes ont cette stratégie de « nurserie-cantine ». Nombre d'araignées, de mouches ou de guêpes sont des parasitoïdes, mais dans leurs cas, la paralysie se fait par morsure ou par l'intermédiaire d'un venin injecté. Chez la chrysope, il s'agit d'un gaz produit dans le rectum de la larve. Parasitoïde signifie que seul le stade larvaire est un parasite, mais l'imago, lui, est libre. À la différence des parasites, les parasitoïdes tuent obligatoirement leur hôte pour achever leur développement.

La sécrétion des glandes anales de l'opossum a une autre utilité : elle participe activement à la thanatose de l'animal. La thanatose est la simulation de la mort dans un but défensif. Lorsqu'il se sent menacé, le marsupial américain tombe immobile sur le sol, la bouche ouverte, la langue pendante, les dents apparentes. Ce simulacre s'accompagne d'un peu de bave et d'une sécrétion de ses glandes périanales, d'un liquide verdâtre à l'odeur nauséabonde, proche de l'odeur de viande avariée. La plupart des prédateurs fuient les cadavres, possiblement porteurs de pathogènes.

La détentrice de la sécrétion odoriférante la plus nauséabonde, revient certainement à la mouffette ou moufette, appelée également sconse. Trop souvent confondue avec le putois d'Europe à cause de ses effluves et de sa robe, la mouffette, originaire d'Amérique du Nord, ne lui ressemble pourtant pas vraiment et n'est pas un mustélidé. La confusion, en plus de cette odeur nauséabonde, vient aussi du très célèbre « Pépé le putois », mauvaise interprétation du fameux Cartoon « Looney Tunes ». À la différence du putois européen, le sconce n'utilise pas ses glandes anales pour marquer son territoire, mais pour se défendre. Très peu de prédateurs osent affronter son jet collant et puissant de plusieurs mètres, à l'exception de quelques rapaces. Ils arrivent, grâce à la vitesse de leurs attaques et à un odorat moins sensible, à esquiver la « giclée pestilentielle ». Avec son pelage noir et blanc, très contrastant et reconnaissable, la mouffette avertit ses prédateurs des futurs désagréments qu'elle peut causer, et s'ils ne s'en soucient que peu, l'attaque leur laissera un souvenir marquant lorsqu'ils se retrouveront couverts du musc nauséabond. Ils prendront le soin d'éviter de croiser de nouveau son chemin. C'est un bel exemple d'aposématisme.

Moins connu, le phalanger à pelage rayé, petit marsupial australien arboricole, possède aussi cette capacité à se défendre à l'aide d'une sécrétion à l'odeur épouvantable. C'est un puzzle d'écureuil, de lémurien et de mouffette, dont il partage d'ailleurs le pelage dorsal, zébré, noir et blanc.

Nous avons précédemment abordé le sujet de l'utilité des excréments. Il est temps de parler de celle des sécrétions des glandes périanales. La plus connue est sans aucun doute le musc. Durant la période des amours, le chevrotain (ou chevrotin) porte-musc, originaire d'Asie (Sibérie et Himalaya), sécrète par la glande périanale une substance à l'odeur bestiale, très forte, envoûtante pour les femelles : le musc. L'homme l'utilise en parfumerie depuis l'Antiquité, comme fixateur. Son odeur très tenace, s'évaporant peu, entre dans la composition de certains parfums, car il prolonge la senteur de ceux-ci. Une fois séché, il est utilisé en très faible quantité, presque indécelable. Il permet d'ajouter une petite « note animale » ou de fumet de café noir. Le chevrotain sauvage, victime d'un intense braconnage, a progressivement été remplacé par des animaux d'élevage, ce qui permet de prélever la sécrétion sans ôter la vie de la bête. Cependant, malgré tous ces efforts pour préserver l'espèce, il apparaît que les élevages n'étaient pas une bonne solution. Le chevrotain est une espèce solitaire qui se reproduit mal en captivité. La surpopulation donne lieu à des combats entre mâles. De plus, ces derniers, ne produisent un musc de qualité que lorsqu'ils sont seuls. Hormis en Asie, où il existe encore une demande de cette substance naturelle (on lui accorde des propriétés aphrodisiaques), l'utilisation du musc animal est interdite. On l'a remplacé par des produits de synthèse.

Dans le même registre, la civettone est aussi une sécrétion des glandes périanales d'une espèce de civette d'origine africaine, appelée chat-musqué. Cette substance, liquide et gluante, sert à l'animal à marquer son territoire. Son odeur est très fécale et l'on peine même à croire que son utilisation comme fixateur arrive à bonifier un parfum. Là aussi, hormis en Inde où on l'emploie encore, notamment pour parfumer du tabac, une molécule de synthèse a remplacé cette matière d'origine animale.

Une autre sécrétion utilisée en parfumerie depuis l'Antiquité : le castoréum, issu des glandes périanales du castor. C'est un mammifère réputé pour ses performances de constructeur. Il est très à son aise dans le milieu aquatique : il dispose de paupières transparentes et de dents acérées qui, bouche fermée, restent apparentes, le rendant apte à ronger les arbres immergés. Il est sensible au bruit de l'eau qui coule : c'est ce qui déclenche sa propension à construire. Des recherches ont montré que ce simple bruit, préalablement enregistré, le poussait à exercer son art. Cela engendre d'ailleurs de gros dégâts : les individus proches des villes rongent tout le bois qu'ils trouvent dès que de l'eau se met à couler, dans une gouttière par exemple. Le castor dispose de deux paires de glandes périanales, dont une très grosse, de la taille de deux beaux œufs, qui pendent et prennent l'apparence de testicules. En revanche, les vrais testicules sont cachés. Ces glandes surdimensionnées produisent une matière huileuse, dont l'animal se sert pour hydrofuger son pelage et marquer son territoire. Elles jouent un rôle de stockage des substances plus ou moins toxiques que l'animal ingurgite par le biais de son alimentation végétale très variée. Ce qui explique la présence de plus de 45 composés identifiés, comme l'acide salicylique, l'acide benzoïque ou le phénol, pour ne citer qu'eux. Depuis l'Antiquité, cette sécrétion est un ingrédient de la pharmacopée, avec plus ou moins d'efficacité. En plus de son parfum musqué et fauve, commun à beaucoup de sécrétions périanales, le castoréum dispense une odeur de vanille. Ce parfum unique, est utilisé en parfumerie, mais également, par le passé, comme exhausteur de goût (vanille principalement, mais aussi fraise et framboise). En Europe, il a été chassé à outrance au point que l'espèce a failli disparaître. Au Canada, la surpopulation du castor permettait, sans états d'âme, de les abattre en grand nombre, et donc de pouvoir utiliser la glande de l'animal mort, pour un coût relativement bas. Des élevages se sont ajoutés à la production issue de la chasse. Même si le castoréum est encore utilisé, il l'est de manière anecdotique, à peine 50 kg par an dans le monde. L'écrasante majorité a été remplacée par des substituts chimiques. Toutefois, le castoréum figure encore dans la liste des additifs alimentaires de la fameuse Food and Drug Administration.

Un exemple de sécrétion célèbre, tout du moins en Afrique : le beurre de hyène. Les hyènes sont des carnivores et des charognards, organisées en sociétés matriarcales, appelées clans. Le rôle des sécrétions des glandes anales est prépondérant dans l'organisation des clans. Ce sont les femelles qui portent la culotte : surdosées en testostérone, elles ont développé des lèvres et un clitoris surdimensionné au point de ressembler parfaitement aux organes reproducteurs du mâle. La hyène est un animal hautement symbolique dans la mythologie africaine et ses sécrétions périanales n'y ont pas échappé. Les légendes africaines racontent que les sorcières chevauchaient des hyènes et utilisaient une gourde remplie de beurre de hyène comme carburant.

Cependant, ces glandes, dont les sécrétions sont tant utiles aux mammifères, ne sont pas toujours situées près de l'anus. Le lémur à queue annelée porte cette glande sous ses épaules, les chauves-souris peuvent les avoir à plusieurs endroits suivant les espèces : sur leur tête, près de leur bouche, à côté de leurs organes génitaux, sur ou sous leurs ailes. Le dick-dicks, lui, les a juste à côté de ses yeux. Une petite tache noire est très visible devant les globes oculaires. Les dick-diks sont de toutes petites antilopes (30 à 40 cm au garrot), vivant dans les milieux arides et possèdent sans doute, avec le wombat, les excréments de mammifères dont la teneur en eau est la plus faible.

L'homme possède lui aussi des glandes anales ou du moins des vestiges, appelées glandes d'Hermann et Defosses, situées dans la paroi du canal anal.

15 Conclusion

Nous l'avons vu, la digestion est le propre de l'animal. Elle est nécessaire pour le fonctionnement de son métabolisme. Mais qui dit digestion, dit manducation (acte de manger) d'organismes ou de tissus vivants, qui nécessite une âpre et frénétique recherche de nourriture.

Il n'y a pas de notion de bien ou de mal dans la nature, juste une lutte perpétuelle, pour survivre. À n'importe quelle échelle du vivant, des guerres féroces se déroulent, dénuées de tout affect ou de tout sentiment. Les uns utilisent des capacités spécifiques et déploient des stratagèmes improbables pour chasser. Les autres répliquent avec des parades, des processus de protection prodigieux. La nature a fait preuve d'une imagination sans limites. Ce combat pour survivre est le résultat de centaines de millions d'années d'évolution. D'innombrables espèces ont simplement disparu, sans compassion, dans l'indifférence la plus totale, et seulement celles disposant des mécanismes les plus efficaces, se sont perpétuées. Si bien qu'aujourd'hui, nous trouvons des animaux, qui n'ont que très peu évolué, car parfaitement adaptés pour survivre, sur une Terre qui, à maintes reprises, a subi des modifications et des bouleversements extrêmement violents.

L'homme, superprédateur s'il en est, s'échine depuis des millénaires à s'affranchir des dangers et des contraintes de son environnement, qu'il forge en fonction de ses besoins. Rien n'y fait, il ne peut s'y soustraire totalement, il n'est pas exempté d'être, lui aussi, un rouage dans ce combat sans fin. Les moustiques, les mouches, les vers et autres parasites luttent, pour survivre, se nourrir et se reproduire, à ses dépens.

Les exemples d'adaptations fantastiques que nous avons pu voir, ne sont le fruit d'aucun déterminisme, ni volonté quelconque. Pendant des millénaires, l'idée que l'on se faisait majoritairement du monde était un monde stable, créé par une divinité, sans transformations majeures des espèces végétales, animales ou de l'Univers. L'anthropocentrisme ne correspond en rien à la réalité. La théorie de l'évolution, formulée par Charles Darwin en 1859, est toujours de mise, n'en déplaise aux fanatiques et autres casse-pieds. À l'instar du géocentrisme, que Copernic a balayé d'un revers de la main, l'évolution Darwinienne a profondément changé la vision de notre monde.

L'araignée, déguisée en crotte pour attirer les insectes coprophiles ou coprophages dont elle est friande, n'est absolument pas consciente du phénomène. Elle bénéficie innocemment du mécanisme, pourtant diabolique, qui, au fil du temps, s'est mis en place, simplement parce que l'évolution a fait son œuvre.

16 Pour terminer…

La première, des deux citations de Gandhi, citée en début d'ouvrage s'applique au texte que vous venez de lire, la seconde, à ce qui suit.

La cause animale est de plus en plus considérée. La vision de l'animal-objet de Descartes est largement contestée aujourd'hui. De plus en plus de voix s'élèvent en faveur du bien-être animal. Je salue d'ailleurs le travail d'Hugo Clément, entre autres, qui, à travers des ouvrages passionnants, contribue à défendre cette noble cause.

Malheureusement, la maltraitance animale est omniprésente dans la chaîne agroalimentaire de nos sociétés modernes. Mais le pire, c'est quand cela n'a servi à rien. À cause du gaspillage alimentaire, beaucoup de vies malheureuses, et autant de morts brutales, l'ont été inutilement. Bien évidemment, l'amélioration des conditions de vie des animaux domestiques passe par une diminution du nombre et des dimensions des exploitations industrielles, au profit d'une agriculture plus raisonnée. Pour cela, il est crucial de changer nos habitudes de consommation, mais aussi de lutter contre le gaspillage alimentaire.

Quelles que soient nos croyances ou nos convictions, se nourrir est notre besoin le plus fondamental et constitue le facteur prépondérant d'une bonne santé. C'est pour cela que l'agriculture a la plus grosse empreinte humaine sur la planète : elle couvre 40 % de la surface totale des terres, représente un quart du réchauffement climatique et plus de la moitié de toute la pollution réunie. On estime que le gaspillage alimentaire constitue 30 à 35 % de la totalité de la production mondiale. Imaginez la marge de manœuvre dont on dispose ! Il faut profondément respecter la nourriture, de surcroît lorsqu'elle est issue d'un être vivant pourvu d'émotions et de sentiments. Chacun est concerné : près de la moitié du gaspillage se fait dans nos maisons. Les mentalités évoluent peu à peu. En France depuis 2016, les supermarchés de plus de 400 m² n'ont plus le droit de rendre impropres à la consommation des invendus, encore consommables, et doivent pour cela nouer un partenariat avec une association d'aide alimentaire pour lui donner ses invendus. Une autre loi très significative : depuis le 1er juillet 2021, les restaurants et débits de boissons à consommer sur place sont tenus de fournir aux clients, qui en font la demande des contenants réutilisables ou recyclables, pour qu'ils puissent emporter le reste de leur repas. Une pratique, plus connue sous le nom de « doggy bag » ou, en français, « comment-passer-du-radin-à-l'éco-citoyen »

Regardons aussi ce paradoxe : la différence de traitement entre nos animaux domestiques et les animaux d'élevage destinés à l'alimentation. À l'opposé, nos petits compagnons à quatre pattes sont choyés. Mais il ne faut pas oublier que ce sont des carnivores, et qu'à ce titre, ils mangent d'autres animaux. Si pour nous la consommation peut se faire uniquement à l'aide de végétaux (au prix d'efforts conséquents, c'est indéniable), toutes les tentatives de végétarisme sur nos chats et nos chiens se soldent par de lourdes carences alimentaires. Alors en attendant la révolution de la viande cellulaire (viande de laboratoire issue de cellules souches), si tant est qu'elle arrive, un végan ou un végétarien propriétaire d'un chat ou d'un chien est confronté à une aporie.

De plus, l'impact de nos bien-aimés est désastreux pour la biodiversité. Les chasseurs dans l'âme que sont les chats, plus particulièrement. Peut-être faut-il privilégier les races d'intérieur, qui sortent peu, et qui ont, de plus, souvent une nature plus câline, ce qui n'est pas pour nous déplaire. Sans oublier la stérilisation, qui permet de limiter la population, notamment de chats errants.

Un bon chat errant peut éliminer plus de 500 animaux par an, et pas forcément que des espèces nuisibles. D'ailleurs, pour tenter de réduire la prédation des chats, les autorités australiennes ont lancé des campagnes d'extermination contre les chats harets (chats errants revenus à un état semi-sauvage ou sauvage). C'est cruel et radical, mais déterminant pour la sauvegarde de la biodiversité. Des millions d'individus sont éliminés à l'aide d'appâts empoisonnés, de robots et de drones qui aspergent les chats de poison qu'ils absorbent en se léchant. L'Australie souffre d'une perte considérable de ses animaux endémiques, dont certaines espèces ont même complétement disparu.

Notes bibliographiques

- Rencontre avec des animaux extraordinaires. Andrès Cota Hiriart. Biophilia. 2024.
- Atlas du vivant. Daniel Richard, Gaelle Richard, Christine Joly-Viard et Jean Paul Bellier. Dunod. 2023.
- Petites folies du vivant. Marie Treibert. DBS. 2023.
- Parents Animaux. Raymond Nowak. HumenSciences. 2023.
- Animaux énigmatiques : la vie secrète des animaux les plus impressionnants. Jesssica Serra. Larousse. 2023.
- Camouflage et mimétisme. Edition Quae. Vincent Albouy. 2022.
- Bizarroïdes ! La vie secrète des animaux les plus étranges. Marie Treibert. Larousse, 2021.
- L'énigme de l'anguille et autres bizarreries animales. Lucy Cooke. Albin Michel. 2021.
- La stratégie du dromadaire. Natalie Levisales. Libération. 2020.
- Le charme discret de l'intestin. Gulia Enders. Acte Sud. 2020.
- Les parasites manipulateurs. Clément Lagrue. HumenSciences. 2020.
- Les superpouvoirs des animaux. Jean-Baptiste Giraud, Va Edition. 2020.
- Believe it or snot. Nick Caruso et Dani Rabaiotti. Quercus. 2019.
- C'est bête ou pas ? Nick Caruso et Dani Rabaiotti. Marabout. 2019.
- Tu pètes ou pas ? Nick Caruso et Dani Rabaiotti. Marabout. 2018.
- Les paupières des poissons. Sébastien Moreau et Fanny Vaucher. Édition La Plage. 2018.

- Les ruses de la nature. Martin Stevens. Buchet Castel. 2018.
- Suivi des coléoptères coprophages. Projet Girardin Charlotte, Master 2 Gestion et Conservation de la Biodiversité Année universitaire 2017-2018.
- Coléoptères du monde : une encyclopédie. Delachaux et Niestlé. 2016.
- La vie secrète des animaux. Peter Wohlleben. Les Arènes. 2016.
- Histoires remarquables, les insectes. Vincent Albouy. Delachaux & Niestlé, 2015.
- Safari dans la bouse. Marc Giraud et Roland Garrigue. Delachaux et Niestlé. 2014.
- La science du caca. Frédéric Marais. Gulf Stream éditeur. 2013.
- Super bestiaire. Marc Giraud. Robert Laffont. 2013.
- Pastoralismes et entomofaune. J.P. Lumaret. Ed. Cardère. 2010
- La malédiction du Cloporte. Christine Cousteau et Olivier Hertel. Tallandier édition. 2010
- Le mimétisme pour la feuille et autres curiosités de l'évolution. Michel Leflot, édition De Broca. 2010.
- Curiosités animales. Jean Baptiste de Panafieu. Rouergue. 2009.
- Darwin c'est tout bête. Marc Giraud. Robert Laffont. 2009.
- Calme plat chez les soles. Marc Giraud. Robert Laffon. 2007.
- Classification phylogénétique du vivant. Guillaume Lecointre, Hervé Le Guyadier et Dominique Visset. Belin. 2006.
- Le Kama-sutra des demoiselles. Marc Giraud. Robert Laffont. 2005.

- Des insectes retrouvent du goût pour la bonne bouse. Eliane Patriarca. Libération le 29 mars 2004.
- Guide des étoiles de mers, oursins et autres échinodermes de lagon de Nouvelle-Calédonie. Alain Guilde, Pierre Laboute et Jean-Luis Menou. IRD éditions. 1985.

Remerciement :

Je remercie Winnie l'ourson, Maya l'abeille, Donald, Tic et Tac, Milou, Pif et Hercule, et tant d'autres, … Mais plus particulièrement Titi et Grosminet, Manou le goéland, la Belle et le Clochard, qui se reconnaitrons.

Structures éditoriales du groupe L'Harmattan

L'Harmattan Italie
Via degli Artisti, 15
10124 Torino
harmattan.italia@gmail.com

L'Harmattan Hongrie
Kossuth l. u. 14-16.
1053 Budapest
harmattan@harmattan.hu

L'Harmattan Sénégal
10 VDN en face Mermoz
BP 45034 Dakar-Fann
senharmattan@gmail.com

L'Harmattan Cameroun
TSINGA/FECAFOOT
BP 11486 Yaoundé
inkoukam@gmail.com

L'Harmattan Burkina Faso
Achille Somé – tengnule@hotmail.fr

L'Harmattan Guinée
Almamya, rue KA 028 OKB Agency
BP 3470 Conakry
harmattanguinee@yahoo.fr

L'Harmattan RDC
185, avenue Nyangwe
Commune de Lingwala – Kinshasa
matangilamusadila@yahoo.fr

L'Harmattan Congo
219, avenue Nelson Mandela
BP 2874 Brazzaville
harmattan.congo@yahoo.fr

L'Harmattan Mali
ACI 2000 - Immeuble Mgr Jean Marie Cisse
Bureau 10
BP 145 Bamako-Mali
mali@harmattan.fr

L'Harmattan Togo
Djidjole – Lomé
Maison Amela
face EPP BATOME
ddamela@aol.com

L'Harmattan Côte d'Ivoire
Résidence Karl – Cité des Arts
Abidjan-Cocody
03 BP 1588 Abidjan
espace_harmattan.ci@hotmail.fr

Nos librairies en France

Librairie internationale
16, rue des Écoles
75005 Paris
librairie.internationale@harmattan.fr
01 40 46 79 11
www.librairieharmattan.com

Librairie des savoirs
21, rue des Écoles
75005 Paris
librairie.sh@harmattan.fr
01 46 34 13 71
www.librairieharmattansh.com

Librairie Le Lucernaire
53, rue Notre-Dame-des-Champs
75006 Paris
librairie@lucernaire.fr
01 42 22 67 13

www.ingramcontent.com/pod-product-compliance
Lightning Source LLC
LaVergne TN
LVHW010022081026
849535LV00016B/2832